Pourquoi je n'ai pas inventé la roue

Michel Raymond

Pourquoi je n'ai pas inventé la roue

et autres surprises de la sélection naturelle

Introduction

Qu'est-ce que la sélection naturelle ? À poser la question, on sera surpris par la diversité des réponses dont la plupart, d'ailleurs, seront fausses. Peu enseigné, mal expliqué et souvent caricaturé, le principe de la sélection naturelle est aussi parfois rejeté pour des raisons idéologiques. « La loi de la pesanteur est dure, mais c'est la loi », nous rappelle Brassens. Il faut bien s'accommoder des règles qui régissent le monde, puisque nos opinions ne les changeront pas. Et si l'on projette d'aller sur la Lune, quelles que soient nos opinions personnelles, il est prudent de ne pas inventer sa propre la loi de la gravité. Il en est de même en biologie. La compréhension du monde vivant passe par la connaissance des règles de l'évolution, et la sélection naturelle est l'une d'elles, la seule qui puisse rendre compte des adaptations du vivant et de l'existence d'organes complexes.

Outil remarquable pour comprendre le monde vivant, la sélection naturelle reste évidemment une clé indispensable pour aborder aussi l'espèce humaine. Comment cela ?

Appréhender l'espèce humaine en utilisant les mêmes outils que pour les plantes ou les animaux ? Ceux dont les poils se hérissent à cette idée ne pourront jamais aller sur la Lune. Certes, l'espèce humaine a des spécificités, comme un langage extrêmement développé et une culture complexe. Les chauves-souris ont aussi la spécificité de leur radar et les jumelles de l'ornithologue ne seront pas d'un grand secours pour comprendre leur système d'écholocation. Mais on comprendra aussi bien l'évolution de la plume et du vol que celle du radar ou du sonar à l'aide de la sélection naturelle. De nombreuses espèces animales possèdent une culture, parfois pas si rudimentaire que cela, et là encore la sélection naturelle est indispensable pour en comprendre l'évolution. La culture humaine ne fait pas sortir notre espèce du large champ de l'évolution.

Cet ouvrage n'est pas un traité sur l'évolution. Il ne dit pas un mot des mécanismes menant à l'apparition d'espèces différentes ou régissant le déterminisme du sexe. D'ailleurs, l'étude de ces facettes de l'évolution nécessite une bonne connaissance des processus de la sélection naturelle. Ce livre passe également sous silence les conditions qui ont permis à Darwin de découvrir la sélection naturelle, et toutes les réactions sociales que cela a provoqué durant deux siècles et demi. Cette tranche d'histoire des sciences est certes passionnante et permet de mieux comprendre la sociologie des innovations culturelles. Il s'agit ici de faire comprendre ce qu'est une adaptation et comment elle se construit – aussi bien pour la chauve-souris que pour l'espèce humaine.

CHAPITRE 1

Les ingrédients de la sélection naturelle, ou le renard qui aboyait

Charles Darwin (1809-1882) a révolutionné la biologie avec la notion d'évolution des espèces : loin d'être figées, les espèces vivantes évoluent sans cesse sous l'effet de la sélection naturelle et de quelques autres facteurs. C'est ce mécanisme de sélection qu'a élucidé Darwin – mécanisme qui présente l'énorme avantage d'expliquer bien des aspects du monde vivant, et d'être simple à comprendre : il suffit en effet de trois ingrédients pour que la sélection naturelle opère.

La recette de la sélection naturelle

Observons un petit papillon, la phalène du bouleau, dans son habitat du début du XIXe siècle dans le nord de l'Angleterre : les individus gris sont bien camouflés sur les troncs gris, et les quelques variants noirs qui apparaissent de temps en temps par mutation se font vite repérer par les oiseaux : ils ont une espérance de vie plus courte et se reproduisent moins. C'est pourquoi les papillons noirs restent très rares, car ils ont très peu de descendants (qui sont plutôt noirs), bien moins en tout cas que les individus gris (qui ont des descendants plutôt gris).

Arrive la révolution industrielle, et sa pollution qui noircit les troncs d'arbres : voilà les papillons noirs bien camouflés, alors que les gris se font repérer par les oiseaux et se reproduisent moins. Les papillons noirs se reproduisant mieux, à chaque génération on les voit augmenter en fréquence, tandis que les gris, eux, se raréfient. Un siècle plus tard, la pollution ayant diminué, le phénomène s'inverse à nouveau. Le changement dans la population, ici un changement de couleur, s'est fait par sélection naturelle.

Trois ingrédients sont nécessaires pour que la sélection naturelle fonctionne. Le premier est la variation, ici la couleur des ailes, noire ou grise. Le deuxième est la transmission de cette variation à la génération suivante. La couleur du papillon est codée par son ADN, et l'ADN du parent se retrouve chez ses descendants. Le détail de cette transmission n'est pas simple (en gros, seule une moitié de son ADN est transmise dans chacune de ses chenilles, qui récupèrent une autre moitié de l'autre parent), mais il y a bien transmission. Enfin, il doit exister un lien entre le trait transmis et le nombre de descendants. Dans un environnement pollué, un papillon noir se reproduit plus, en moyenne, qu'un papillon gris : il y a bien reproduction différentielle suivant la couleur. Ces trois ingrédients, variation, transmission et reproduction différentielle, permettent à la sélection naturelle d'opérer à chaque génération.

La variation ne se cantonne pas nécessairement aux couleurs. Si l'on mesure les plumes de la queue des hirondelles des cheminées, on trouve de grandes différences entre les individus. La variation peut aussi concerner la taille, la longueur des poils, des griffes, le bec, les organes ou les membres, tous les traits associés à des individus, quelle que soit leur origine. Il y a ainsi variation dans la personnalité individuelle : les ornithologues observent des oiseaux qui n'ont pas tous un même caractère, un même degré de curiosité par exemple. Certaines mésanges savent ouvrir les bouteilles de lait déposées le matin devant la porte de leur destinataire britannique, alors que d'autres en sont incapables : ces différences d'aptitudes représentent une variation comportementale. La distinction entre droitiers et gauchers est encore un bel exemple de cette variation du comportement individuel. De même pour le fameux QI (quotient intellectuel), variable selon les individus. Ainsi, le type de variation individuelle qui nous intéresse embrasse aussi bien les différences de caractères physiques et physiologiques que psychiques, comportementaux, sociaux et culturels.

La transmission de la variation passe par l'ADN dans un grand nombre de cas. Cela concerne la plupart des variations de couleur, y compris chez l'homme. Une partie des différences de personnalité entre deux mésanges charbonnières relève d'une différence génétique, et il en est de même pour l'homme. Mais il existe d'autres modes de transmission que l'ADN. En général, mais pas toujours, les opinions politiques des enfants (une fois devenus adultes) ne diffèrent guère de celles de leurs parents ; le plus souvent elles sont semblables. Il y a donc, globalement, transmission des opinions politiques, le mode de transmission étant ici culturel, et il en va de même des croyances religieuses. Quant au statut économique, dans de nombreuses sociétés des règles sociales existent pour prescrire le mode de transmission de l'héritage des parents aux enfants : le mode de transmission des richesses est inscrit dans la culture. Mais cela n'est pas toujours aussi clair ; parfois, il relève des deux modes, génétique et culturel, comme dans le cas de la latéralité manuelle : deux parents gauchers auront plus de chances d'avoir des enfants gauchers que deux parents droitiers. Il y a donc bien transmission, au moins partielle, de la latéralité. Et si cette transmission a bien une base génétique, on lui soupçonne aussi une base culturelle. En fait, dans de nombreux cas, la transmission des variations relève conjointement des gènes et de la culture. Cela est vrai des droitiers et des gauchers, mais aussi du QI, comme le montre l'observation d'enfants issus d'insémination artificielle (le QI du père biologique ne peut alors se transmettre que génétiquement) ou bien d'enfants adoptés par des familles de niveaux socio-économiques différents.

Il existe des cas où la variation ne peut pas être transmise. Chaque individu détient un rang de naissance, et ce rang ne peut se transmettre : un cadet, par exemple, ne peut avoir seulement des enfants cadets. La sélection naturelle ne peut donc pas agir directement sur le rang de naissance. Il en est de même lorsque la variation est due à des causes environnementales : les guerres, en générant de nombreux mutilés, produisent de la variation morphologique. Ce type de variation n'est pas transmis : la jambe perdue du soldat ne manquera pas à son enfant. Pour que la sélection naturelle opère, il faut que la variation soit transmise, et peu importe le véhicule de cette transmission, génétique, culturel, ou l'un et l'autre à la fois.

Les moustiques et le DDT,
ou la vitesse de la sélection naturelle

La découverte des propriétés insecticides du DDT, en 1939, a fait naître de grands espoirs. À l'époque, on envisageait volontiers l'éradication complète de certaines espèces d'insectes nuisibles au moyen de pulvérisations massives. L'euphorie a été de courte durée : non seulement cet insecticide s'est révélé désastreux pour l'environnement, mais il a provoqué l'apparition d'insectes génétiquement résistants. Les rêves d'éradication se sont vite envolés.

Dans le sud de la France, dans les années 1960, une grande campagne de démoustication a été lancée afin de favoriser le développement touristique. Trois ans après le début des opérations, certaines larves ne succombaient plus au traitement : la première résistance venait de faire son apparition, d'abord localisée près de la petite ville de Lunel puis s'étendant, en quelques années, à toute la zone traitée – une bande côtière de 20 kilomètres de large allant de Perpignan à la Camargue. Cette résistance étant encore faible, il suffisait d'augmenter légèrement la dose pour en venir à bout. Mais, quatre ans plus tard, une autre résistance apparut, plus coriace, et nécessitant cent fois plus d'insecticide pour tuer le moustique... La démoustication était dans l'impasse.

Que s'est-il passé ? Les populations de moustiques sont gigantesques. L'estimation de leur taille n'est pas très fiable mais, dans la région de Montpellier, on trouve en été plusieurs dizaines de millions d'individus. À chaque génération, de nouvelles mutations apparaissent qui, en général, diminuent la probabilité de reproduction : étant moins transmises, elles disparaissent. Or on sait maintenant que les gènes de résistance appartiennent à cette catégorie : en l'absence d'insecticide, ils sont peu à peu éliminés, car leur effet est de modifier légèrement le fonctionnement physiologique. En présence d'insecticide, en revanche, ce changement physiologique peut favoriser la protection contre l'insecticide ou son élimination rapide. Quoi qu'il en soit, la larve du moustique a plus de chances de survivre, de se métamorphoser en adulte et de se reproduire. Le gène de résistance se transmet alors davantage, et très vite, à toute la population. Ainsi, la mutation crée une variation génétique, et c'est l'homme, à l'aide d'un insecticide, qui opère la sélection.

Par la suite, face à la résistance des moustiques, on a diversifié les traitements. Mais d'autres gènes de résistance sont apparus (on en compte actuellement six). L'histoire est assez complexe, mais un point est essentiel : un gène de résistance se répand très vite dans les populations de moustiques. Il permet au moustique de mieux survivre s'il migre dans une zone traitée. Le gène se répand donc si le moustique migre, mais aussi s'il est transporté. Si un moustique pénètre par hasard dans un avion, il peut même aller très loin. Les aéroports et leurs alentours sont souvent traités aux insecticides : un moustique résistant sera avantagé, et le gène de résistance pourra ainsi migrer d'aéroport en aéroport, en quelques générations de moustiques. On a même connaissance d'un gène de résistance qui, apparu dans les années 1970 en Afrique de l'Est ou en Asie, s'est retrouvé trente ans plus tard sur pratiquement toute la planète. Détecté en France pour la première fois en 1990 près de l'aéroport de Marignane, il lui a fallu quelques années pour parvenir dans la zone traitée de Montpellier, où sa fréquence a rapidement augmenté.

Il en va de même pour les antibiotiques. Leur découverte a constitué une véritable révolution dans le traitement des maladies provoquées par des bactéries, comme la tuberculose, la syphilis, la scarlatine, la peste ou le choléra. Mais l'usage massif d'antibiotiques a favorisé le développement de bactéries résistantes, lesquelles prolifèrent du fait de leur avantage dans un milieu toxique par rapport aux bactéries sensibles. Changer d'antibiotique ou en combiner plusieurs provoque également le développement de résistances multiples. Certaines bactéries, le staphylocoque doré par exemple, résistent à tous les antibiotiques utilisés par l'homme ; c'est pourquoi on retrouve les bactéries résistantes de préférence là où elles sont particulièrement avantagées : dans les hôpitaux.

Ces résistances auraient-elles pu être évitées ? Probablement, mais il aurait fallu comprendre que les gènes de résistance perturbent le fonctionnement normal de l'individu – moustique ou bactérie –, ce qui le désavantage par rapport à un individu sensible dans un endroit non traité. Si l'on traite en des lieux voisins avec des insecticides différents, un moustique migrant va se trouver dans une zone traitée avec un insecticide qu'il ne connaît pas : le gène de résistance qu'il porte ne lui servira à rien et le défavorisera d'autant plus. Les modèles mathématiques montrent qu'il n'est pas envisageable de prévenir totalement l'apparition de moustiques résistants, mais qu'il est parfaitement possible de maintenir les gènes de résistance à des niveaux très bas, de façon que cela n'affecte pas l'efficacité des traitements. Mais cela implique évidemment de modifier l'organisation traditionnelle des traitements, ce qui n'est pas toujours envisageable. Le même raisonnement s'applique aux bactéries : en utilisant différents antibiotiques dans différentes parties de l'hôpital, il devrait être possible de créer des conditions qui préviennent le développement de résistances aux antibiotiques. Mais on en est loin... Incidemment, les antibiotiques sont initialement des inventions des champignons pour lutter contre les bactéries : malgré le fait que des bactéries résistantes sont déjà apparues dans le passé – on en retrouve les traces dans les vieux sédiments –, les champignons utilisent efficacement les mêmes antibiotiques depuis des millions d'années. Les fourmis en sont aussi des utilisatrices régulières depuis des lustres. En moins d'un demi-siècle d'utilisation, l'homme a réussi à les rendre pratiquement inefficaces, par un usage trop massif et surtout irréfléchi.

Et l'histoire s'est répétée. On emploie les insecticides pour combattre la plupart des insectes ravageurs de cultures, contre des parasites de l'homme ou d'animaux domestiques, contre des vecteurs de maladies ou de simples nuisibles. En réaction à ces traitements souvent massifs se développent, de manière pratiquement systématique, des résistances aux produits utilisés. Il existe actuellement plusieurs centaines d'espèces d'insectes résistantes à au moins un insecticide, et le plus souvent à des insecticides de différentes familles (ayant des cibles moléculaires distinctes). Parmi ces espèces résistantes se trouvent par exemple les poux, la plupart des espèces de moustiques (vecteurs de malaria, dengue, encéphalites, chikungunya, fièvre jaune), la mouche domestique, la mouche de l'olive, le ver de farine, le doryphore, le puceron du pêcher, les puces, etc. Le scénario est le même pour les plantes résistantes aux herbicides et les champignons résistants aux fongicides. Même les cellules cancéreuses développent une résistance aux produits anticancéreux.

Vaste est le champ observable à l'échelle humaine, sur une ou quelques générations, des cas de sélection naturelle : résistance aux métaux lourds des plantes des terrils ou des zones minières polluées, modifications de la taille et de la forme du bec des pinsons des Galápagos à la suite d'une longue et forte sécheresse, disparition progressive des défenses chez les éléphants femelles suite à la sélection exercée par le braconnage, évolution de la couleur de la chouette hulotte sous l'effet du changement climatique, raccourcissement d'une plante médicinale chinoise suite à la cueillette préférentielle des individus les plus grands, sélection de criquets mâles qui ne chantent plus lors des parades (du fait de l'arrivée d'une mouche parasite qui les repère et les localise par leur chant), changements adaptatifs de plantes ou d'animaux introduits, intentionnellement ou non, dans certaines régions – tout cela illustre clairement ce fait essentiel : lorsque la sélection naturelle opère dans le même sens sur plusieurs générations, elle mène à la mise en place d'adaptations spécifiques.

Gènes et cultures :
comment le feu a domestiqué l'homme

La domestication d'animaux est certainement un trait culturel original. Ce processus consiste à favoriser la reproduction des animaux possédant un caractère que l'on souhaite conserver. La domestication ne repose pas nécessairement sur une volonté délibérée : comme les animaux les plus agressifs ne peuvent être capturés vivants ou gardés suffisamment longtemps, cela conduit, au fil des générations, à une sélection d'animaux pacifiques. La vache paraît bien paisible au regard de sa forme sauvage, l'aurochs, et le mouton au regard du mouflon. La plupart des domestications animales se sont faites il y a longtemps, sans que l'on en connaisse les détails, mais une expérience originale a été faite dans les années 1950, en Russie, sur le renard argenté. En n'autorisant que la reproduction des renards ayant le moins peur de l'homme, on a abouti en quelques dizaines de générations à des renards familiers dont les comportements sont profondément modifiés par la sélection : par exemple, ils aboient et remuent la queue comme des chiens !

Les traits comportementaux n'ont pas été les seuls à entrer en ligne de compte au cours de la domestication. Ce fut aussi le cas de la production de lait de certaines races de vaches. Pour assurer la génération suivante, on a retenu les veaux des meilleures productrices et on a assisté peu à peu à une augmentation de la production de lait. Le but étant de garder le lait pour le boire, il fallait le soustraire au veau : on sevra celui-ci plus tôt et on décala la reproduction pour que le veau puisse se nourrir de l'herbe de printemps. C'est donc un véritable changement culturel qui accompagna le processus de sélection des races laitières.

Chez l'homme, une sélection a également eu lieu concernant la consommation du lait. Un mammifère adulte, en effet, est normalement intolérant au lait, car l'enzyme qui permet de digérer le lactose cesse d'être fabriquée lors du sevrage du jeune. Or il suffit d'un léger changement génétique pour que disparaisse ladite intolérance, et que l'enzyme en question soit produite toute la vie durant : cette mutation est sans grand avantage, car elle force à fabriquer une enzyme sans fonction utile. Cependant, s'il est disponible, le lait peut représenter une ressource alimentaire précieuse, dont seuls profitent ceux qui possèdent ladite mutation, et qui sont ainsi capables de survivre à une période de famine, comme celles, fort nombreuses, que le monde a connues par le passé. D'autre part, plus on dispose de lait, plus il est avantageux de pouvoir en profiter. Un va-et-vient s'opère ainsi entre sélection pour la production de lait chez la vache, pratique culturelle de la gestion ou conduite du troupeau, et sélection pour la tolérance au lactose chez l'homme. Le processus, engagé il y a 5 000 ans en Europe, a certainement opéré graduellement : plus la tolérance au lactose était répandue, plus on sollicitait et sélectionnait les vaches laitières pour la reproduction. La production moyenne de lait par vache augmenta, au fil des générations, par sélection naturelle, ainsi que le nombre d'adultes buveurs de lait dans les populations humaines.

Évolution génétique et évolution culturelle vont ici dans le même sens, chacune renforçant l'autre. Cette tolérance au lactose n'est qu'un des multiples changements génétiques résultant d'une coévolution du gène et de la culture. Il est par exemple facile, à partir de son ADN, de savoir s'il provient d'un individu issu d'un groupe pratiquant l'agriculture : il suffit de compter le nombre de copies du gène d'amylase qu'il possède. Cette enzyme digère l'amidon, qui se trouve en grande quantité dans les grains et tubercules produits par l'agriculture : il y a eu sélection pour une digestion plus rapide de l'amidon (ici par une augmentation du nombre de copies du gène) dans les ethnies qui ont développé l'agriculture. Le processus, encore une fois, fut graduel entre changement génétique (augmentation du nombre de gènes de l'amylase) et changement culturel (pratique agricole et culinaire), sans oublier les changements génétiques de la plante cultivée en vue d'accroître la production d'amidon dans le grain.

L'intrication génétique et culturelle peut être encore plus étroite. La maîtrise du feu, trait culturel ancien, a eu lieu entre 400 000 ans et 1,9 million d'années, l'imprécision provenant de la difficulté qu'ont les archéologues à identifier un feu domestiqué. Le feu maîtrisé avait sans doute plusieurs usages, l'un d'eux étant la cuisson des aliments, indiscutablement documentée depuis 250 000 ans au moins. Pourquoi cuire un aliment ? Certes, on élimine ainsi quelques parasites ou toxines mais, surtout, l'aliment est plus digeste, et procure davantage d'énergie en un temps plus court. Les animaux ne s'y trompent d'ailleurs pas : gorilles et chimpanzés préfèrent les aliments cuits, dont ils tirent une plus forte récompense physiologique, et il en est de même pour de nombreux animaux.

Mais, si l'essentiel du régime alimentaire est constitué d'aliments très digestes, il s'avère inutile d'être équipé d'une mâchoire spécialisée et d'une machinerie intestinale complexe. De fait, mâchoires et dents humaines sont plus petites que ce à quoi on s'attendrait d'après la taille du corps, si l'on compare avec les autres primates. Quant à l'appareil digestif, il est globalement plus court et moins volumineux qu'il ne devrait être chez un primate de notre taille (il a envi-

ron 60 % de la dimension attendue). C'est par sélection naturelle que s'est opéré ce raccourcissement : les individus présentant, par hasard, un intestin légèrement plus court se sont
trouvés avantagés. En retour, cela favorisa les techniques
liées au feu (fabrication et entretien), ainsi que leur transmission culturelle, contribuant encore à modifier le régime alimentaire en y incluant davantage d'aliments cuits. Résultat
de cette coévolution ? Essayez donc de ne plus manger d'aliments cuits : il vous faudra d'abord considérablement augmenter la quantité de nourriture ingérée, avec un système
digestif inadapté à une telle situation.

Dans le monde moderne, qui offre toute l'année une
grande variété et quantité d'aliments crus, faciles à obtenir
sans effort physique, il est possible de survivre sans aliments
cuits. Le prix à payer, toutefois, risque d'être élevé : cette
situation engendre de nombreuses déficiences nutritives,
toutes les études l'indiquent, et cela explique, d'ailleurs, que
la plupart des femmes qui suivent un tel régime cessent
d'ovuler. Considérables sont aussi les pertes de poids : excellente option si vous voulez maigrir, mais ne prolongez pas
trop l'expérience, ou vous mettrez votre santé en danger.
Prôné par certains, ce type de régime alimentaire est basé
sur une idéologie dénuée de tout support scientifique : pour
autant que les anthropologues ont pu le constater, un tel
régime n'a jamais été documenté dans une société traditionnelle ; il est d'ailleurs incompatible avec la grande dépense
énergétique nécessaire chez les individus de ces sociétés.
Actuellement, un tel régime alimentaire représente une
maladaptation, tout le contraire d'une adaptation, car il
entraîne une diminution de la survie et de la reproduction :
il y a donc peu de chances de voir ce trait se répandre, même

s'il est transmis. Voilà qui souligne un autre fait majeur : il est impossible de supprimer brusquement un trait culturel, telle la cuisson des aliments, sans provoquer un grave déséquilibre biologique.

On entend souvent dire que, dans l'espèce humaine, l'évolution culturelle a pris le pas sur l'évolution biologique. Outre que cela revient, implicitement, à opposer ces deux types d'évolution, cette idée relève davantage d'une idéologie que d'un constat scientifique. Sans doute existe-t-il des situations où les deux s'opposent, l'une allant parfois plus vite que l'autre. Mais, comme on vient de le voir, il existe aussi des situations où le biologique et le culturel entrent en résonance et vont dans la même direction.

Fourmis : le paradoxe des castes stériles

Ayant travaillé tout l'été, elle ne se trouva pas dépourvue du tout quand la bise fut venue : elle vécut heureuse et n'eut aucun enfant… Chez les fourmis, les différentes castes d'ouvrières restent stériles. Chacune est spécialisée dans une fonction, par exemple l'ouvrière-soldat possède d'énormes et fortes mandibules. Mais comment expliquer que l'on puisse sélectionner des adaptations chez des individus qui ne peuvent pas se reproduire ?

Voyons ce qui se passe au sein d'une fourmilière. Chez les fourmis, chaque femelle a un père et une mère. En revanche, chaque mâle n'a qu'une mère, étant issu d'un ovule non fécondé. Ainsi, une ouvrière qui pourrait se reproduire subrepticement seule engendrerait des fils. Mais elle resterait plus proche génétiquement de ses sœurs que de ses fils (voir le calcul génétique dans les notes). Elle a donc intérêt à élever ses sœurs plutôt que sa propre progéniture : son intérêt est ainsi de ne pas se reproduire, pour mieux contribuer à la reproduction de sa mère, en élevant ses sœurs. Cela aboutit, par sélection, à la suppression complète de la reproduction chez les ouvrières. Cette suppression est programmée très tôt, par le type d'alimentation qui est fourni à la larve, en orientant son développement vers une reine ou une ouvrière d'une des castes stériles. C'est ainsi que l'on explique les castes stériles chez toutes les espèces de fourmis (plusieurs milliers), ainsi que chez la plupart des espèces ayant les mêmes particularités génétiques (les abeilles et les guêpes).

Cette particularité génétique des fourmis, abeilles et guêpes facilite la sélection de castes stériles, mais il peut exister d'autres situations qui augmentent également la parenté entre certains individus. Par exemple, il suffit d'une vie en groupe et d'une dispersion très faible (favorisée par des ressources abondantes et peu de prédateurs) pour que les proximités génétiques entre les individus soient élevées : on retrouve alors la situation où il est avantageux de moins se reproduire si cela permet d'augmenter la reproduction d'un apparenté. C'est ainsi que l'on explique la présence de castes stériles chez toutes les espèces de termites, chez certains pucerons et quelques autres espèces d'insectes. Mais aussi chez une crevette, deux espèces de rats-taupes et un campagnol.

Sélection et équilibre : les poissons gauchers du lac Tanganyika

Les gauchers existent depuis des temps immémoriaux. On retrouve leurs traces dans le maniement des outils du néolithique, dans les peintures paléolithiques qui ornent les grottes depuis 10 000 à 35 000 ans, ainsi que dans la fabrication des plus vieux outils en silex. L'usage systématique de la main gauche muscle davantage le bras gauche et épaissit les os : les archéologues savent ainsi que les gauchers ont toujours été une minorité. La variation de latéralité est donc ancienne, et elle existe dans tous les groupes humains connus. En Occident, environ 10 % des hommes préfèrent utiliser leur main gauche pour lancer une pierre. Cette variation est-elle transmissible ? Oui, partiellement : deux parents gauchers ont plus de chances d'avoir des enfants gauchers que deux parents droitiers. Mais, pour que la sélection naturelle puisse opérer, il manque un dernier critère : être droitier ou gaucher est-il, oui ou non, lié à un avantage reproductif ?

Dans une ville de l'actuel Mali, un combat se prépare entre deux chefs de bande : voici comment l'un d'eux raconte ce combat contre un adversaire (Si-Tangara), dont il sait qu'il est plus fort que lui : « Je levai ma main droite, armée de la liane. Si-Tangara croyant que j'allais frapper son flanc gauche qui était à ma portée, le couvrit rapidement de ses bras. En un éclair, je passai ma lanière dans ma main gauche, dont je savais me servir assez adroitement, et lui cinglai le flanc droit si violemment qu'il en vacilla sur ses jambes. » Le combat se poursuit, dont le narrateur sort vainqueur. Les gauchers seraient-ils avantagés dans les combats ? En Occident, ils constituent seulement 10 % de la population, mais 50 % des champions d'escrime : apparemment, manier l'épée de la main gauche permet de gagner plus souvent. Si l'on se tourne vers d'autres activités sportives où s'opposent directement deux personnes, on observe le même résultat : il y a davantage de gauchers parmi les champions de ping-pong (30 %), de tennis (16 %) et de boxe (23 %). S'agissant en revanche d'un sport sans interaction directe avec un opposant, lancer de poids, natation ou gymnastique, le pourcentage de gauchers parmi les champions correspond à celui de la population générale. Les gauchers ne sont donc pas de meilleurs sportifs, juste de meilleurs combattants. Quelles sont les conséquences pour la reproduction ? Un champion se reproduit-il davantage, en moyenne, qu'un non-champion ? Les données disponibles ne permettent pas de répondre à cette question, d'autant qu'il faudrait tenir compte de tous les enfants engendrés. Mais plutôt que de se focaliser sur des combats ritualisés, comme les sports, peut-être serait-il plus judicieux de se tourner vers les vrais combats.

Dans les sociétés traditionnelles, on observe depuis toujours des guerres intestines entre tribus, des règlements de comptes, bagarres et autres échauffourées. Certaines régions sont plus violentes que d'autres, et les homicides particulièrement nombreux ; or c'est là que l'on rencontre le plus grand nombre de gauchers. Inversement, ils se font rares dans les régions les plus pacifiques. Il semble donc qu'il existe bien un avantage des gauchers dans les combats. Quel avantage exactement ? Les gauchers étant moins nombreux que les droitiers, le droitier a rarement l'occasion de s'entraîner avec un gaucher, alors que le gaucher ne rencontre en général que des droitiers. Dans une rencontre avec un gaucher, le droitier se laisse donc aisément surprendre. Cet avantage de surprise ne peut opérer, bien sûr, que si les gauchers sont rares ; et plus ils sont rares, plus l'avantage est important. De même, plus leur fréquence se rapproche de celle des droitiers, plus l'avantage devient négligeable : ainsi donc, l'avantage des gauchers dépend de leur propre fréquence. Et si les gauchers deviennent plus fréquents que les droitiers, ces derniers peuvent alors à leur tour surprendre les gauchers dans un combat ou un sport d'interaction. Ce type d'avantage, dépendant de la fréquence (ici, l'avantage diminue lorsque la fréquence augmente), conduit à un équilibre stable entre les deux types de latéralité, équilibre déjà observé depuis des milliers d'années. Dans les sociétés occidentales modernes, il est possible que les choses soient maintenant différentes, la fréquence des combats y étant fortement réduite, mais ceci est une autre histoire... Ce qu'il importe de comprendre est que la sélection naturelle ne conduit pas nécessairement à ce qu'un variant, ici droitier ou gaucher, l'emporte entièrement sur l'autre du fait du type de sélection faisant dépendre l'avantage de la fréquence. Et l'exemple de la latéralité manuelle n'est pas un cas isolé.

Il y a dans le lac Tanganyika des poissons dont la bouche est tordue, soit du côté gauche, soit du côté droit : cela leur permet de se nourrir des écailles arrachées à un autre poisson, en l'attaquant par l'arrière, sur le côté gauche si la bouche est tordue vers la droite, ou sur l'autre côté dans le cas contraire. Lorsque les individus avec une bouche tordue à gauche sont fréquents, les proies apprennent rapidement à mieux surveiller leur côté droit, d'où un avantage alimentaire pour les individus ayant la bouche tordue à droite et attaquant sur le côté gauche : mieux nourris, ils se reproduisent alors davantage. Cette différence de conformation de la bouche est transmissible et, à la génération suivante, les individus avec la bouche tordue à droite sont davantage représentés. Les proies apprennent alors à mieux protéger leur flanc gauche, et ainsi de suite… On observe donc des cycles dans la fréquence relative des poissons ayant la bouche tordue à droite ou à gauche, cycles qui s'expliquent par la sélection naturelle, laquelle change de sens une fois qu'une forme a été avantagée.

Un mécanisme identique est à l'œuvre chez les becs-croisés : ces oiseaux utilisent la conformation croisée de leur bec pour picorer des pommes de pin et se nourrir des graines qui s'y trouvent. Selon le sens de croisement de son bec, l'oiseau peut accéder aux graines d'une seule partie de la pomme encore sur l'arbre, l'autre partie n'étant accessible qu'à l'individu ayant le bec croisé dans l'autre sens ; cette contrainte alimentaire aboutit à un équilibre entre les deux formes de croisement du bec, une plus grande proportion de l'un donnant un avantage alimentaire à l'autre.

Ce phénomène, toutefois, ne se cantonne pas aux formes droites ou gauches, comme pour la latéralité humaine, les poissons du lac Tanganyika ou les becs-croisés. L'orchis sureau, orchidée fréquente en Europe dans les plaines élevées, existe en version jaune ou pourpre, et des individus des deux couleurs coexistent dans les mêmes populations. Habituellement, un insecte prend du nectar dans une fleur, puis s'empresse d'aller visiter d'autres fleurs semblables, contribuant ainsi, passivement, à la pollinisation. Cependant, en butinant la fleur jaune, il ne trouvera pas une seule goutte de liquide sucré ; ceci le conduira à bannir les autres individus jaunes pour aller tenter sa chance sur les individus pourpres, moins fréquents certes mais tout aussi tentants. Mais pas de nectar non plus chez les pourpres ! Notre insecte s'est laissé duper ; il a perdu son temps et n'y reviendra plus. Mais tant d'autres insectes, jeunes, naïfs et pleins d'espoir, vont refaire le même trajet, pour repartir finalement l'abdomen entre les pattes ! Du point de vue de l'orchidée, c'est une bonne opération : du pollen a été transporté « gratuitement », sans qu'il ait fallu fournir la récompense sucrée habituelle. Ce système de tromperie ne fonctionne que s'il y a présence simultanée d'individus des deux couleurs ; en fait, si l'une de ces deux couleurs se raréfie, elle sera davantage recherchée comme alternative au premier essai infructueux et donc davantage pollinisée. Le système est bien stable : plus une forme est rare, plus elle est avantagée. Bien d'autres exemples existent, dans le monde vivant, de ce mode de sélection menant à un équilibre entre deux ou plusieurs formes.

La sélection naturelle, bien qu'elle soit limitée par certains facteurs (voir le chapitre 3), conduit à des adaptations parfois complexes, souvent loin d'être surpassées par nos ingénieurs, lesquels ne se privent d'ailleurs pas de les copier. Mais comment le simple mécanisme de la sélection naturelle conduit-il à la mise au point de ces organes complexes ?

CHAPITRE 2

La plume, l'œil et le radar : la construction des organes complexes

Quel orgueil pour les chercheurs et ingénieurs, juste avant la Seconde Guerre mondiale, d'avoir imaginé, conçu et mis au point le radar ! Et quelle surprise de découvrir ensuite que les chauves-souris utilisent depuis toujours le même principe, mais d'une façon bien plus élaborée. Mais comment diable cet animal a-t-il fait pour découvrir ce que l'homme n'a pu soupçonner ni concevoir avant les grandes avancées scientifiques du XXe siècle ? L'écholocation des chauves-souris met en œuvre des organes complexes d'émission, de réception et d'interprétation des ultrasons : cette complexité est évidemment le résultat d'une optimisation, mais y a-t-il plus que cela ? Dans une horloge, tout n'est que précision et pièces savamment assemblées suivant un plan bien maîtrisé. Le plan d'ensemble est d'abord conçu par l'horloger, puis l'objet est patiemment réalisé. Tous les appareils qui nous entourent, depuis le réfrigérateur, le téléphone ou le poste de radio, sont aussi conçus en vue d'une utilisation précise. Disséquez maintenant n'importe quel organisme vivant : vous y observerez une machinerie bien plus complexe que l'horloge ou que tout autre appareil humain. En comparant l'un et l'autre, il est bien difficile de ne pas songer qu'il existe quelque part un concepteur des plans de fabrication de cet organisme.

Des plumes du dinosaure au sonar de la chauve-souris

En réalité, il n'en est rien : cette illusion est créée par l'effet de la sélection naturelle sur de longues échelles de temps. À chaque génération, la sélection retient les individus qui ont les traits les plus performants et, lorsqu'elle s'exerce dans le même sens pendant de nombreuses générations, cela conduit peu à peu à une certaine optimisation. En observant le résultat final, on confond alors optimisation et conception *a priori* : certains organes, effectivement, sont parfois d'une complexité qui laisse l'ingénieur perplexe – aussi bien quant au mode de fonctionnement qu'à la mise en place progressive de l'organe. On voit mal comment pourrait fonctionner une horloge à moitié montée : de même, comment sélectionner un organe complexe à moitié abouti ? Par exemple, comment le vol est-il apparu au cours de l'évolution des oiseaux ?

Pour faire une aile d'oiseau, il faut d'abord transformer les pattes, puis les recouvrir de plumes. Mais une aile sans plumes, pour un oiseau, ne peut servir à voler : le voilà doté de pattes modifiées en forme d'ailes, qui constituent un véritable handicap. Une patte avec des plumes n'est pas utile non plus pour le vol : comment réunir en même temps différents éléments indispensables sans passer par un stade désavantageux ? Les découvertes récentes de fossiles de dinosaures à plumes ont apporté à ce sujet un éclairage intéressant. On sait maintenant que la plume est apparue bien avant le vol, sans doute comme adaptation destinée à une meilleure isolation thermique. C'est donc par le détour d'une autre fonction qu'un des éléments a d'abord été sélectionné. Une fois les plumes présentes, elles ont favorisé de petits vols planés, ou allongé la longueur de petits sauts, ce qui a constitué un avantage pour échapper à des prédateurs. Certaines espèces utilisaient même leurs quatre pattes emplumées pour ces petits vols. Puis, du fait de l'avantage de réaliser des vols de plus en plus longs, et sans doute de plus en plus rapides, la forme de la plume s'est optimisée pour cette fonction, et le vol battu s'est peu à peu développé.

Quant au radar, ou plutôt au sonar puisque le radar fonctionne avec des ondes radio, il est facile de reconstituer son évolution chez les chauves-souris. La capacité à utiliser l'écho des ultrasons émis pour en recueillir une information sur l'environnement immédiat est courante, avec le son, chez les mammifères. Entrez dans une grotte les yeux fermés et parlez : vous saurez tout de suite, selon l'écho perçu, s'il s'agit d'une petite ou d'une grande cavité. Vous ne trouverez sans doute pas la sortie en écoutant comment vos cris se répercutent sur les parois, mais ce début de recueil d'informations à partir des échos constitue indéniablement un protoradar. Avec un peu d'habitude, on peut dégrossir cette perception ; il est bien connu que les aveugles peuvent dans une certaine mesure la perfectionner, ce qui leur procure une sorte de vision auditive. Plusieurs mammifères insectivores émettent de petits sons pour la même raison.

Ainsi, le protoradar est courant chez les mammifères. Il suffit, pour le perfectionner vraiment, de trouver les conditions pour qu'un meilleur radar soit avantagé.

Les premières chauves-souris étaient des animaux diurnes et dépourvus de système d'écholocation. Il se peut que la compétition avec d'autres insectivores diurnes ait incité à trouver plus de nourriture en chassant dans des conditions de moins en moins diurnes, mais les grands groupes d'oiseaux insectivores n'étaient pas encore apparus lorsque se développèrent les chauves-souris. Il est plus probable que c'est afin d'échapper à la prédation, exercée par de nombreux oiseaux diurnes, que les chauves-souris se sont réfugiées dans la pénombre. Peu à peu, le radar à ultrasons se perfectionna, permettant aux individus porteurs d'une petite amélioration de mieux repérer une proie dans le noir complet, donc de mieux se nourrir et se reproduire. Évidemment, les insectes ont développé des contre-mesures par sélection naturelle, par exemple en s'immobilisant lorsqu'ils détectaient des ultrasons, diminuant ainsi la probabilité de se faire capturer, ce qui a contribué au développement de sonars encore plus perfectionnés. Au bout d'environ 50 millions d'années de perfectionnement, le sonar des chauves-souris présente la modulation de fréquence (comme notre radio FM), ainsi qu'un système élaboré pour éviter les interférences avec le sonar des congénères, une capacité à localiser précisément les cibles malgré leur déplacement rapide, et une grande finesse : il permet de « voir » un fil d'un dixième de millimètre à 10 mètres de distance. Contrairement à une crainte très répandue, il n'y a donc aucune chance pour qu'une chauve-souris se prenne par inadvertance dans vos cheveux !

On peut ainsi prendre tous les organes, si complexes soient-ils, et toutes les fonctions spécialisées et en retracer tant bien que mal l'origine, ainsi que le type de sélection qui a opéré, selon la richesse des fossiles disponibles. Par exemple, lorsque la température descend, un reptile qui reste actif plus longtemps que ses congénères en utilisant son énergie musculaire pour chauffer son corps, possède un avantage considérable pour se nourrir davantage et donc mieux se reproduire : ce trait augmente dans la population à chaque génération. Telle fut certainement la cause du début de la thermorégulation qui s'est produite chez le groupe de reptiles à l'origine des mammifères, il y a 250 millions d'années, à l'occasion d'un refroidissement climatique.

Les scénarios d'évolution des organes ou des fonctions complexes se font toujours à partir de l'état précédent : un variant qui représente une amélioration à un moment donné est sélectionné, sans qu'il y ait de planification sur l'état le plus abouti à long terme. Cela conduit parfois à des situations qui ne sont pas optimales, et qui auraient pu être évitées s'il y avait eu une planification. Mais la sélection naturelle agit à chaque génération sans se soucier du passé ou du futur. Et le résultat final manque parfois de logique !

Le grand bricolage de la sélection naturelle

Dans un œil idéal, la lumière est focalisée sur la rétine, membrane sur laquelle se projette l'image ; de multiples récepteurs enregistrent l'image et envoient cette information vers le cerveau. Curieusement, dans l'œil des vertébrés, les récepteurs se trouvent du mauvais côté de la rétine, ce qui fait que la lumière doit d'abord traverser les diverses couches cellulaires de la rétine avant de toucher les récepteurs. De plus, le câblage des récepteurs, réuni en un gros nerf optique, doit nécessairement traverser la rétine pour aller rejoindre le cerveau : c'est la cause de notre *tache aveugle*, située là où le nerf optique traverse la rétine.

Pourquoi une telle aberration de construction ? Remarquons d'abord qu'il n'est pas possible, à partir de la structure de l'œil des vertébrés, d'inverser la position des récepteurs dans la rétine. Il faudrait de nombreuses étapes pour réaliser une telle inversion, et certaines correspondraient à une vision réduite qui ne serait pas avantageuse. Au début de la sélection de l'œil chez les vertébrés, il importait de mieux voir, et un couplage rétine-récepteur était une avancée certaine, le sens d'organisation étant un problème mineur à ce stade. Mais, une fois cette proto-organisation établie, toutes les améliorations se sont faites sur cette base, diminuant d'autant les possibilités de revenir en arrière. D'ailleurs, pour les mollusques, chez qui l'œil a été sélectionné indépendamment, les récepteurs se trouvent du bon côté de la rétine. C'est ici le hasard qui a décidé de la bonne structure chez un groupe et de la mauvaise chez l'autre car, au moment où le couplage rétine-récepteur était sélectionné dans chacun des lignages, le sens spatial d'organisation n'avait probablement pas grande importance, étant donné le niveau encore approximatif de la vision à cette étape (mais toutefois supérieur à l'état précédent). C'est ainsi que l'on détecte les traces du mode de fonctionnement de la sélection naturelle : retenir le meilleur à un moment donné, sans se préoccuper de l'avenir. Pour un ingénieur, une telle démarche n'est pas très sérieuse...

Vous avez le hoquet ? Vous avez peut-être avalé de travers, mais ce n'est pas tout : par une erreur grossière de l'évolution, un des nerfs crâniens se trouve dans votre corps sans protection élémentaire, et son irritation est directement responsable de ce dérangement passager. Les nerfs qui doivent connecter les parties distantes du corps transitent normalement dans la moelle épinière, bien protégés par les vertèbres. Les nerfs crâniens, qui s'occupent des yeux, du nez, de la langue, du visage, etc., ne passent pas par la moelle épinière car leur lieu d'action est tout proche du cerveau. Mais si, au cours de l'évolution, l'organe que le nerf crânien innerve se déplace peu à peu, alors ce nerf s'allonge de même. C'est ce qui est arrivé au nerf vague : innervant le cœur et l'estomac, situés près de la tête chez les poissons, il a dû s'allonger lorsque ces deux organes se sont positionnés de façon plus distale chez les descendants terrestres des poissons. Il aurait été logique de faire passer ce nerf dans la moelle épinière, étant donné son long trajet actuel dans le corps des mammifères. Mais il aurait fallu prévoir, ce que la sélection naturelle est incapable de faire.

Il y a quantité d'exemples montrant le bricolage – pas toujours adroit – de l'évolution dans la construction des organes. Par exemple, les petits os de notre oreille interne, indispensables à l'audition, sont d'anciennes mâchoires de poisson ! Ce n'est sans doute pas un hasard, car on constate que la réception des échos du sonar des dauphins passe par leur mâchoire. Autres exemples : les pattes avant de différents vertébrés ont donné, suivant les lignées, les ailes des oiseaux, les ailes des chauves-souris ou les nageoires des cétacés ; les étuis durcis et cornés (élytres) qui protègent les ailes des coléoptères sont d'anciennes ailes, les glandes mammaires des mammifères dérivent de glandes de la peau produisant des sécrétions antimicrobiennes, et les pièces buccales des insectes sont d'anciennes pattes. C'est d'ailleurs parce que les éléments existants sont recyclés que l'on peut en retrouver les traces (morphologiques ou moléculaires) et reconstruire le chemin de l'évolution, si la transformation n'est pas trop importante.

Comparez une montre électronique et une montre mécanique : aucune ressemblance, ni dans la façon d'afficher l'heure ni dans l'organisation interne. La première ne dérive pas d'une amélioration de la seconde, la montre électronique ayant été conçue sans prendre en compte la version existante. Et on ne pourrait savoir, sans information extérieure, laquelle a précédé l'autre.

Ainsi, certaines machines construites par l'homme sont sans équivalent dans le monde vivant. Notre espèce est la seule à pouvoir se déplacer à une vitesse supersonique. Plus modestement, vous pouvez profiter de l'avantage d'être *Homo sapiens* en enfourchant votre vélo : on ne connaît aucune autre espèce animale vivante utilisant la roue, et les paléontologues n'ont jamais remarqué, dans toutes les couches sédimentaires étudiées, ce qui représente tout de même plusieurs centaines de millions d'années, un fossile qui pourrait évoquer une roue ou un usage de roue. Vous pouvez pédaler avec fierté !

Animaux à roulettes et poissons à hélice

Une telle situation demande toutefois une explication. Pourquoi aucun être vivant ne se déplace-t-il au moyen d'une roue ? Certains biologistes préfèrent éluder la question en citant quelques curiosités de la nature, comme le pangolin qui peut se replier sur lui-même et rouler sur une pente, ou encore un scarabée qui, à partir d'une bouse, confectionne une boule qu'il fait ensuite rouler pour la mettre à l'abri. Mais ces quelques cas sont loin d'épuiser le sujet. Le pangolin utilise essentiellement ses pattes, ses roulades restant anecdotiques et ne servant qu'à échapper à un prédateur. Quant au bousier, il ne se sert pas de la boule pour se déplacer, il la pousse pour l'enterrer plus loin et y pondre ses œufs.

Le fait que les modes de locomotion soient très divers dans le mode animal suggère que de nombreuses solutions ont été essayées et retenues, comme les pattes pour marcher ou sauter, les nageoires pour nager, les ailes pour voler ou un corps ondulant pour ramper. Incidemment, on trouve même des espèces utilisant la réaction pour se déplacer, comme les poulpes et les calmars. Pourquoi pas une roue pour rouler ? C'est un simple problème de contrainte, explique-t-on le plus souvent. Biologiquement, comment fabriquer une roue tournant autour d'un essieu ? Et si l'essieu est fixé à la roue, comme c'est parfois le cas pour certaines machines, comment fabriquer la liaison entre cet ensemble et le reste du corps ? Voilà donc la raison : une contrainte biologique empêche de construire un système rotatif.

L'argument semble insurmontable. Un animal avec des roues à la place des pattes devrait les faire tourner. Il devrait alors nécessairement y avoir une déconnexion entre la partie tournante et le reste du corps, ce qui pose au moins le problème de l'entretien et de la réparation de la structure ainsi que celui de la transmission de l'énergie permettant de mettre la roue en mouvement. Mais cet argument de contrainte biologique est à relativiser, pour la simple raison qu'il existe bel et bien des structures biologiques possédant un système rotatif.

Certes, il faut un bon microscope pour voir un flagelle de bactérie, mais cela vaut le coup d'œil : on voit un long filament fiché dans la membrane de la bactérie et, tout autour de cet ancrage, une sorte de moteur moléculaire assez complexe, qui met le flagelle en mouvement en le faisant tourner sur son axe : c'est très exactement un système rotatif. Ce flagelle permet à la bactérie de se mouvoir. D'autres organismes unicellulaires ont trouvé d'autres moyens, comme les amibes qui déforment leur corps en envoyant un prolongement, qui s'accroche et ramène ensuite le reste de la cellule dans une sorte de reptation. Mais la bactérie, avec sa paroi rigide, ne peut employer ce mode de déplacement. Faire tourner un flagelle pour se déplacer semble quand même assez farfelu ; une hélice ne serait-elle pas plus simple et plus efficace ? Effectivement, un flagelle est un moyen assez peu performant pour avancer : environ 1 % de l'énergie engagée dans sa rotation est convertie en mouvement de la bactérie. Mais remplacer ce flagelle par une hélice donnerait un résultat plus mauvais encore. Pourquoi ? Une bactérie mesure un millième de millimètre et, à cette échelle, les molécules d'eau commencent à avoir une taille visible. D'ailleurs, si on représente une bactérie par un bateau de 5 mètres (soit un agrandissement de 5 millions de fois), les molécules d'eau sont alors de la taille d'un grain de sable. Et de même qu'une hélice ne permet pas d'avancer dans du sable, elle ne permettrait pas, une fois réduite d'un facteur de 5 millions puis ajustée à une bactérie, de se mouvoir dans l'eau. Le flagelle semble donc être la moins mauvaise solution pour se mouvoir dans l'eau lorsque l'on est si petit. Nos ingénieurs n'ont d'ailleurs rien de mieux à proposer.

Curieusement, en revenant à une échelle plus familière, on ne trouve pas non plus d'organisme aquatique se déplaçant au moyen d'une hélice. Pourtant, pour un poisson, une hélice serait un très bon moyen de propulsion. Serait-ce dû à une contrainte de fonctionnement d'un système rotatif construit à une taille multicellulaire ? Peut-être, mais écoutons d'abord les spécialistes. Les physiciens ont calculé, pour un bateau ou un hypothétique poisson, qu'environ 60 % de l'énergie engagée dans la rotation de l'hélice est convertie en mouvement. C'est bien mieux qu'un flagelle (1 %), mais peut-on faire mieux encore ? Il est dommage que les bateaux ne soient pas conçus par nos ingénieurs pour pouvoir onduler et mouvoir ainsi une grande membrane flexible pour les propulser, comme le font la plupart des poissons avec leur queue et leur nageoire caudale. Pour un gros poisson, 96 % de l'énergie engagée dans le battement de la queue est convertie en mouvement. Un poisson avec une hélice, si performante soit-elle, serait très désavantagé vis-à-vis d'un prédateur muni de nageoires, ou d'un compétiteur qu'il devrait surpasser. Clairement, par rapport à une nageoire caudale, une hélice est une maladaptation pour se déplacer dans l'eau ; elle serait éliminée par la sélection naturelle.

Revenons sur terre et imaginons maintenant un animal se déplaçant au moyen d'une ou plusieurs roues. Dans quel milieu pourrait-on le trouver ? Certainement pas dans un terrain sablonneux. Rouler sur un sol meuble ou boueux ne

donne rien de bon, non plus que sur des terrains monta-
gneux ou pentus. Plus généralement, les terrains accidentés
ne semblent guère propices. Prenez une voiture, un vélo,
une trottinette ou des patins à roulettes, et essayez de parcourir quelques dizaines de mètres dans différents milieux,
sans emprunter de route ; un piéton vous dépassera aisément alors que vous serez bloqué par le moindre fossé ou
par un talus. La roue n'est efficace que sur sol dur et plat,
une route, par exemple ; et elle est alors très économique :
pour une même quantité d'énergie musculaire, un cycliste
ira bien plus loin qu'un piéton. Mais les routes n'existent pas
partout. *Opportunity*, le deuxième robot envoyé sur Mars
pour l'explorer, était monté sur six roues motrices. Il a suffi
d'une butte de 30 centimètres de hauteur pour qu'il reste
bloqué pendant cinq semaines, alors que tout animal de
taille et de poids comparables aurait simplement enjambé
l'obstacle (*Opportunity* pèse 180 kilos pour environ
1,50 mètre de hauteur et une longueur de 1,60 mètre, soit
l'équivalent d'un petit zèbre). À la chute de l'Empire romain,
en Afrique du Nord, de nombreuses voies de transport ces-
sèrent d'être entretenues et devinrent impraticables. La roue
y fut alors abandonnée au profit du dromadaire. De même,
et contrairement à une idée répandue, les Indiens d'Amérique connaissaient la roue, mais ne l'utilisaient pas pour le
transport, préférant par exemple le portage par les lamas sur
les chemins escarpés des Andes. Sur Terre comme sur Mars,
la roue n'est donc un mode de déplacement avantageux que
s'il existe des routes. C'est pour cela qu'aucun animal n'utilise de roue pour se déplacer : la sélection naturelle tend à ne
pas retenir ce genre de solution. Les ingénieurs, d'ailleurs,
entreprennent d'imiter ce que, depuis des lustres, la sélec-

tion a retenu : ils construisent des robots qui marchent ou qui sautent.

Il y a donc une raison évolutive à l'absence de système rotatif dans le monde animal : l'hélice dans l'eau ou la roue sur terre ne sont pas des options économiques ou efficaces par rapport à d'autres solutions, comme la nageoire ou les pattes. Mais il est aussi possible qu'il y ait une contrainte biologique pour la construction d'un système rotatif. Celui de la bactérie ne fait tourner que quelques molécules agencées en flagelle et fait avancer une seule cellule. Rien ne prouve qu'une roue ou une hélice animales puissent effectivement être construites. De plus, il est difficile de concevoir ce que pourrait être un stade intermédiaire : serait-ce une toute petite roue ? Mais plus une roue est petite, moins elle est utile. Ainsi, pour une fourmi, le monde est plus accidenté que pour une girafe. Imaginez la fourmi munie de roues ajustées à sa taille : dans n'importe quelle prairie, elle serait bloquée dès les premiers centimètres. Mais un stade intermédiaire d'un nouvel organe n'est pas nécessairement une taille miniature de cet organe, comme on l'a vu pour l'aile des oiseaux. Et le système rotatif du flagelle de la bactérie semble d'ailleurs avoir évolué à partir d'un système de sécrétion, très différent de la fonction actuelle du flagelle.

Telle est la limite de l'exemple de la roue, et de tout autre exemple basé sur un trait qui n'est pas observé dans la nature, et dont on voit mal ce que pourrait être un stade intermédiaire. Voyons maintenant un exemple qui n'est pas observé dans la nature, mais dont on connaît bien un stade intermédiaire.

Pourquoi le poisson volant
ne vole-t-il pas plus ?

Brusquement, quelque chose vient de jaillir de l'eau, fait un long vol plané, prend un virage puis replonge dans la mer : vous venez de voir un poisson volant. Plusieurs espèces de poissons peuvent réaliser ces petits vols au-dessus de l'eau, étant bien équipés pour cela grâce à de très grandes nageoires qui, déployées, ressemblent à des ailes, et à une bonne tolérance à la forte concentration d'oxygène de l'air. Curieusement, tout ce qui vole dans le ciel descend en droite ligne d'animaux terrestres. Pourquoi, au milieu des oiseaux de mer, ne verrait-on pas aussi quelques poissons ?

Le poisson volant actuel est un stade intermédiaire indéniable, et il semble qu'il ne lui manque pas grand-chose pour augmenter encore sa capacité de vol et pouvoir rivaliser avec le goéland. Pourquoi n'avoir pas continué ce qui semble être une bonne voie ? Les oiseaux marins étaient-ils là les premiers, limitant les possibilités des poissons ? L'ancêtre du goéland et de tous les oiseaux marins était un petit dinosaure à plumes, et lorsque les premiers dinosaures volants ont mérité d'être appelés par des noms d'oiseaux, divers groupes de poissons peuplaient déjà les océans depuis longtemps. La concurrence par les oiseaux de mer ne peut donc pas être invoquée. Certes, d'autres animaux ont occupé le ciel avant les oiseaux, comme les insectes, mais ils n'ont jamais occupé la surface de la mer, si l'on excepte les ptéro-saures, reptiles volants et mangeurs de poissons, qui survo-laient les flots pendant une bonne partie de l'ère secondaire. Mais, avant eux, les premiers poissons, depuis le début de l'ère primaire, ont ainsi eu environ 200 millions d'années de parfaite tranquillité. D'éventuels compétiteurs aériens étant éliminés, serait-ce une contrainte physiologique qui aurait empêché les poissons de voler ?

Un poisson rouge hors de l'eau meurt en quelques minutes sous l'effet de la forte concentration en oxygène de l'air. Une sardine meurt en quelques secondes. Mais certains poissons supportent mieux le contact avec l'air, jusqu'à s'en accommoder volontiers. L'anguille d'Europe ou le silure-grenouille asiatique peuvent ainsi se promener hors de l'eau pendant des heures, et certains poissons ont même développé une sorte de poumon qui leur permet de passer le plus clair de leur temps hors de l'eau. Ainsi, la capacité à s'accommoder de la forte concentration en oxygène de l'air, et plus généralement des conditions terrestres, a été sélectionnée chez plusieurs groupes de poissons, dont bien sûr celui duquel sont issus les vertébrés terrestres. Une éventuelle contrainte physiologique pour le groupe particulier des poissons volants n'est donc pas envisageable, puisque d'autres groupes l'ont surmontée.

Mais si l'oxygène de l'air n'est pas une contrainte absolue, peut-être y a-t-il une impossibilité à posséder en même temps la capacité à nager et à voler ? Effectivement, on constate que les oiseaux montrant d'excellentes performances de nage, aussi bien en agilité et en vitesse qu'en temps d'apnée, comme les manchots, ont perdu leur capacité de voler. Et les oiseaux bons voiliers se nourrissant sous l'eau, comme les cormorans, albatros, sternes et autres fous, sont de piètres nageurs, profitant essentiellement de la vitesse de leur plongeon pour attraper leurs proies, leurs mouvements sous-marins leur permettant de se mouvoir un peu mais pas de poursuivre un poisson. Pour notre poisson volant, il est envisageable que, devant conserver de bonnes capacités de nage, il ne lui ait pas été possible – et il ne lui est toujours pas possible – d'acquérir une capacité supérieure à voler. Mais ce n'est là qu'une hypothèse.

Au fait, pourquoi le poisson volant actuel fait-il des petits vols au-dessus de l'eau ? Cela procure nécessairement un avantage, car ces vols sont coûteux en énergie. Le vol du poisson volant est en fait un excellent moyen d'échapper à un prédateur : en quittant l'eau, il échappe à la vue de son poursuivant et le sème à coup sûr pendant un vol qui lui permet d'augmenter sa vitesse et même de changer de direction. C'est d'ailleurs une technique pratiquée aussi par d'autres groupes d'animaux, tels les calmars volants. Un poisson qui aurait la capacité de voler plus longtemps ou plus haut aurait-il un avantage, en termes de meilleure survie ou de plus grande fécondité ? En tout cas, ce n'est pas en restant au-dessus de l'eau qu'il pourrait s'alimenter : tous les oiseaux marins viennent chercher leur nourriture sous la surface. Le vol du poisson lui permet certes d'augmenter sa survie pour échapper à un prédateur aquatique, mais il ne semble avoir aucune incitation, alimentaire ou autre, à prolonger son vol : un variant qui pourrait voler mieux ou plus longtemps ne serait donc pas retenu par la sélection naturelle. Ainsi, c'est sans doute l'*absence* de sélection qui explique qu'il n'existe pas de poissons volants pouvant rivaliser avec les oiseaux.

Le mythe de l'impossible retour

Les serpents n'ont pas de pattes mais leur ancêtre, une sorte de lézard, pratiquait la marche. D'ailleurs, certains groupes de serpents possèdent encore des pattes arrière rudimentaires qui ont maintenant d'autres fonctions. Les serpents existent depuis le début du crétacé (140 millions d'années) et se sont plus tard considérablement diversifiés parallèlement aux mammifères dont ils se nourrissaient, mais ils n'ont jamais récupéré leurs pattes. Ils ne sont pas les seuls à les avoir perdues. L'ancêtre des cétacés, un quadrupède fréquentant les bords de mer, a peu à peu développé des adaptations aquatiques, pour finalement devenir complètement marin. Les pattes avant sont devenues de magnifiques nageoires, mais les pattes arrière ont disparu. Ces deux exemples illustrent une règle bien connue : « Un organe régressé ne réapparaît jamais. »

Une telle règle est étrange. Si un organe a été sélectionné une première fois, pourquoi ne le serait-il pas une deuxième ? Il semble vain de proposer l'existence d'une contrainte, puisque l'existence du même organe chez l'ancêtre indique que la supposée contrainte a déjà été contournée. La règle, en fait, n'est pas absolue et il existe quelques contre-exemples. Reste à comprendre pourquoi, dans la plupart des cas, le retour ne se produit effectivement pas.

Imaginez un poisson vivant dans une caverne. Dans le noir le plus absolu, les yeux ne servent à rien : les mutations diminuant sa vision ne sont plus éliminées, et celles (plus rares) l'améliorant ne sont plus sélectionnées. En quelques centaines ou milliers de générations, ce poisson cavernicole devient aveugle. C'est ainsi que l'on explique que, dans toutes les eaux souterraines où vivent des poissons, ils ont perdu leurs yeux. Il y a eu également régression d'autres traits, comme la pigmentation, et acquisition d'adaptations spécifiques, comme le développement d'autres récepteurs sensoriels. Un poisson cavernicole peut-il, en quelques milliers de générations, fabriquer à nouveau un œil opérationnel ? Par exemple en venant parfois se nourrir vers les zones éclairées, et en y passant de plus en plus de temps, ce qui permettrait aux variants ayant une vision légèrement améliorée de mieux se nourrir, donc de mieux se reproduire ? C'est un scénario possible, à une condition : pour qu'une forme intermédiaire de vision se trouve avantagée par rapport à une forme moins performante, il faut qu'elle ne soit pas en compétition avec une forme *plus* performante. Or, tant qu'il y a des poissons dans les mers, lacs et rivières connectés à ces grottes, et possédant une excellente vision, cela risque d'être difficile. Notre poisson commençant tout juste à percevoir ombre, lumière et mouvement aura à peine deviné la présence d'une proie que celle-ci aura déjà été avalée par une truite l'ayant repérée de loin ; pire, il ne verra pas arriver assez vite le brochet ou tout autre prédateur. Clairement, c'est la compétition avec des individus possédant déjà un trait performant qui empêche un organe régressé de réapparaître. Pour qu'il existe un poisson avec des yeux fonctionnels issu de poissons aveugles cavernicoles, il est d'abord nécessaire de supprimer tous les compétiteurs des eaux de surface : cette situation ne s'est jamais produite.

Supprimez tous les vertébrés terrestres, puis introduisez juste quelques serpents, conservés pour l'occasion, et revenez quelques millions d'années plus tard… Vous serez surpris de voir courir, sauter, nager et même voler toute une série d'animaux qui ne ressembleront plus vraiment à leur lointain ancêtre serpentiforme. Ce genre d'expérience d'évolution se déroule régulièrement lorsque par exemple une nouvelle île volcanique apparaît, suffisamment loin de tout continent. Elle est d'abord colonisée par quelques graines apportées par le vent, puis par quelques rares animaux volants ou dérivants, qui rapidement exploitent la plupart des possibilités, en l'absence de compétiteur bien adapté : en quelques millions d'années, souvent bien moins, on observe de nombreuses espèces morphologiquement bien différenciées, dérivant de ces quelques colonisateurs. C'est ainsi que, dans de nombreuses îles des Caraïbes, toutes les espèces de lézards, petites et grosses, terrestres et arboricoles, dérivent d'un colonisateur unique. Il en va de même pour les araignées d'Hawaii, les crabes terrestres de la Jamaïque, certains escargots de Polynésie ou de Madère, et les pinsons des Galápagos. Mais cela s'est produit sur une plus vaste échelle lorsque les dinosaures ont brusquement disparu, il y a 65 millions d'années, du fait d'un changement climatique produit par la chute d'une météorite ou une éruption volcanique : toute une série de carnivores et herbivores petits et gros ont été éliminés d'un coup car les dinosaures occupaient la plupart des niches écologiques. Les mammifères, jusque-là discrets et de petite taille, se trouvèrent alors sans aucun compétiteur : en quelques millions d'années, ils se sont diversifiés pour occuper toutes les niches laissées vacantes.

Tous les moineaux se ressemblent,
ou l'illusion de la stabilité

Nous avons tendance à penser que tous les moineaux se ressemblent : petits et sautillants, vaguement gris-marron, et toujours affamés. L'ornithologue, lui, remarquera un individu avec une petite tache noire sur la joue, et annoncera un *moineau friquet*, espèce différente du moineau domestique. Effectivement, avec un peu d'habitude, on les distingue facilement. C'est ce genre de différences, de petits détails de forme et de couleur, qui permettent d'identifier les vingt-six espèces de moineaux. Pourtant, ces espèces ont divergé depuis un ancêtre commun datant d'une dizaine de millions d'années, temps suffisant pour évoluer vers des formes très différentes. Les capacités d'évolution des moineaux seraient-elles limitées à ces petites variations ?

Notre moineau domestique est une espèce européenne qui a trouvé dans les villes un habitat propice pour se multiplier. En profitant des migrations humaines, il a colonisé des villes d'autres continents. Depuis son arrivée en 1852 en Amérique du Nord, sa taille a augmenté par sélection naturelle d'environ 5 % par siècle, sans que l'on sache vraiment ce qui avantage les individus plus grands. Cela semble peu, et indétectable durant une vie humaine sans faire de mesure précise, car pour une taille moyenne de 15 centimètres, un siècle plus tard les lointains descendants auront une taille moyenne de 16,75 centimètres. Mais en continuant la même tendance sur une durée plus longue, le résultat serait plus visible : au bout de cinquante-trois siècles, notre moineau américain aurait la taille d'une autruche. Et en considérant le temps depuis lequel le moineau domestique s'est séparé du moineau friquet, soit au moins 4 millions d'années, il a eu le temps d'évoluer vers 754 fois la taille d'une autruche. Ce n'est donc pas qu'il ne pouvait pas changer de taille : si sa stature de moineau a peu changé au cours du temps, c'est qu'il n'était pas avantageux de changer, et qu'un moineau plus petit ou plus grand laisse moins de descendants, en moyenne, qu'un moineau de taille moyenne. Et si tous les moineaux se ressemblent, en taille et pour d'autres traits, ce n'est pas qu'une force mystérieuse les contraint à être petits et gris-marron, c'est simplement que, dans l'environnement où ils sont, les petites tailles et la couleur gris-marron sont plus optimales que d'autres tailles ou couleurs. Cela suggère d'ailleurs que si l'environnement change, on observera rapidement de grands changements morphologiques par sélection naturelle.

Comparons un loup, un chacal, un renard, un fennec et un lycaon : la taille varie un peu, la queue est toujours longue et plus ou moins fournie, la couleur de la robe est brune, noire, fauve, beige, parfois un peu blanche ; les différentes espèces de la famille des canidés, tous des prédateurs, se ressemblent beaucoup, comme les différentes espèces de moineaux. Les fossiles de loup montrent que l'animal n'a pas changé morphologiquement depuis des centaines de milliers d'années, stabilité qui s'explique sans doute par une morphologie optimale. Lors de la domestication *via* un changement radical d'environnement, l'homme a influencé la reproduction et sélectionné les descendants, ce qui a conduit à l'évolution des différentes races de chiens. Les différences morphologiques entre le chihuahua et le patou sont plus grandes que celles que l'on rencontre entre toutes les espèces de la famille des canidés. Cela montre à l'évidence que si tous les autres canidés sont plus ou moins comparables en taille, c'est que la sélection favorise cette taille intermédiaire. Ce qui s'est passé en Corse est à cet égard étonnant : le cochon domestiqué est retourné à l'état sauvage. Par sélection naturelle, les traits d'origine ont été resélectionnés, comme la pilosité abondante du corps (un des rares exemples de retour de caractères disparus). Ce retour n'a été possible que grâce à la disparition ou à l'extermination par l'homme de tous les grands mammifères, compétiteurs potentiels sur l'île. Mais le cochon n'est pas le seul : l'ancêtre du mouflon corse était un paisible mouton domestique, et son ancêtre plus lointain encore un mouflon sauvage authentique. L'apparente stabilité morphologique de nombreuses espèces est ainsi bien le reflet d'une stabilité de la sélection.

Les vautours d'Afrique et d'Amérique ont tous deux le cou dégarni, ce qui est une adaptation pour fouiller à l'intérieur des cadavres sans salir leurs plumes, et de grandes ailes de planeur pour surveiller depuis le ciel les signes d'un prochain repas. Morphologiquement, la ressemblance est forte, et la classification traditionnelle les rangeait d'ailleurs dans le même tiroir. Quelle surprise lorsque les analyses moléculaires ont révélé que les vautours d'Amérique sont plus proches d'autres rapaces que des vautours de l'Ancien Monde ! La ressemblance entre les vautours correspond donc bien à des traits fonctionnels que la sélection naturelle favorise pour le mode d'alimentation qui est le leur. Et si certains rapaces, en colonisant l'Amérique, ont pu progressivement évoluer en vautours, c'est qu'ils se sont trouvés sur un continent qui ne possédait aucun oiseau charognard :

cela rendait possible une sélection de tous les stades intermédiaires.

Les organes ou les fonctions complexes s'expliquent simplement par la sélection naturelle lorsque de grandes échelles de temps sont considérées. Plusieurs étapes sont nécessaires, et chacune doit présenter un avantage sur la précédente. Cette condition est souvent remplie : un myope ou un daltonien sont mieux équipés qu'un aveugle. Tous les organes complexes possèdent des stades intermédiaires dont les performances sont supérieures à celles des stades précédents : il est alors facile de trouver le chemin, construit par la sélection naturelle, qui fait passer de l'organe rudimentaire vers un stade plus complexe et plus performant. L'impression de plan de construction à long terme qui semble apparaître dans la complexité de certains organes n'est qu'une illusion : à chaque étape, la sélection naturelle exerce un tri sans but précis. C'est la sélection s'exerçant dans une même direction sur de nombreuses générations qui conduit à des organes complexes, comme l'œil humain ou le sonar des dauphins. Ce qui n'empêche pas que l'on trouve de temps en temps des traits qui ne semblent pas avantageux, bien au contraire. Cela veut-il dire que la sélection naturelle aurait des limites ?

CHAPITRE 3

Le suicide de la souris, ou les limites de la sélection naturelle

Tiens… que vient donc faire ici cette souris ? En plein jour, en terrain découvert, elle s'avance en zigzaguant vers… le gros matou. Incroyable, il s'agit d'une souris suicidaire ! Mais comment expliquer une chose pareille ? Le suicide est un comportement dont on imagine mal qu'il puisse être sélectionné, car il diminue les chances de survie et, par suite, de reproduction. Dans la nature, d'ailleurs, très peu d'animaux ont normalement un comportement suicidaire. On connaît par exemple un criquet qui se laisse dévorer par ses enfants, mais cela contribue à une meilleure survie de sa descendance. De même, le mâle de la mante religieuse est prêt à risquer sa tête afin de féconder une femelle : il troque ainsi avantageusement sa vie contre sa reproduction, car ses chances de se reproduire une deuxième fois sont faibles. Tous ces cas de suicides familiaux s'expliquent aisément : comme ils améliorent la reproduction ou la survie des descendants, ce sont des adaptations. Mais qu'en est-il de la souris ? Serait-elle kamikaze, se sacrifiant afin d'éliminer le futur meurtrier de sa famille ? Non, le chat n'explose pas en jouant avec elle, ni d'ailleurs en la croquant. Aurait-on affaire à un suicide dépressif, comme il s'en trouve parfois dans certaines espèces sociales ? Non plus : ladite souris manifestait auparavant un comportement social tout à fait normal. S'agit-il alors d'un cas pathologique, d'un comportement aberrant n'ayant été observé que de façon exceptionnelle ? Toujours pas : dans certaines populations, ce genre de suicide peut se montrer relativement fréquent.

La souris qui aimait les chats :
conflits d'intérêts entre espèces

Reste la possibilité que ce comportement suicidaire profite à quelqu'un. Mais à qui ? C'est bien le chat qui croque la souris mais, comme il ne dispose d'aucun moyen de contrôle sur le comportement de la souris, il faut chercher ailleurs. À l'aide d'un microscope, observons le cerveau de la souris suicidaire. On y découvre un parasite unicellulaire, *Toxoplasma grondi*, agent de la toxoplasmose. Une fois la souris avalée, ce parasite réalise sa reproduction sexuée dans l'intestin du chat, ce qui produit de nombreux œufs qui vont se répandre sur son territoire. Le responsable du comportement suicidaire de la souris, c'est bien ce parasite-là ! En modifiant le comportement de la souris, il augmente ses chances de passage vers un chat. Le comportement suicidaire n'est donc pas le résultat d'une sélection chez la souris ; en revanche, les individus de *Toxoplasma* qui manipulent le mieux leur hôte, étant mieux à même de se retrouver chez un chat et de se reproduire, laissent davantage de descendants. Leur type de manipulation s'est donc peu à peu répandu dans la population de *Toxoplasma*. Résultat : une souris parasitée est spécifiquement attirée par l'odeur du chat, bien que cette attraction lui soit fatale. Ainsi s'expliquent certains comportements aberrants, par manipulation égoïste d'un parasite interne. Il existe d'autres exemples : un criquet qui cherche à se noyer, car manipulé par un ver nématomorphe arrivé à maturité et désireux de quitter son hôte directement dans l'eau afin de s'y reproduire ; une fourmi qui grimpe tout en haut d'un brin d'herbe et s'y accroche définitivement, car la petite douve du foie qui la parasite doit maintenant passer dans un mouton pour boucler son cycle de vie ; un gammare (sorte de crevette d'eau saumâtre) qui se met à nager en surface en tournant en rond dès qu'un oiseau barbote dans l'eau, car le ver trématode qui le parasite cherche à passer dans un oiseau pour se reproduire ; une fourmi qui agite de manière obsessionnelle son curieux abdomen rougi : elle est parasitée par un ver nématode lequel, tout en la faisant ressembler à un fruit mûr, diminue son agressivité naturelle et accroît ainsi ses propres chances d'entrer dans le corps de son hôte final, un oiseau frugivore ; une palourde, enfin, qui ne s'enfouit plus à marée basse car parasitée par un ver trématode qui s'efforce de passer à l'intérieur de son hôte final, un oiseau mangeur de mollusques, l'huîtrier-pie par exemple. Sans oublier le cas de la rage : un chien ayant contracté le virus de la rage salive, sa capacité à déglutir diminue, et il développe une forte agressivité, ces comportements étant tous dus aux « manipulations » organisées par le virus afin d'assurer sa propre transmission. Le virus, en effet, sera immanquablement injecté, par morsure, dans le système circulatoire d'un autre hôte. C'est ainsi qu'il se transmet et survit. À chaque génération, les virus les plus doués dans la manipulation du comportement de leur hôte sont avantagés par sélection naturelle.

Revenons au *Toxoplasma* qui, chez l'homme, peut provoquer la toxoplasmose, maladie dangereuse en particulier chez la femme enceinte. Après le premier contact, le système immunitaire le traque ; *Toxoplasma* se réfugie à l'intérieur de certaines cellules et y reste, de façon latente, sans provoquer aucun symptôme. Que vient faire alors *Toxoplasma* dans un corps humain ? L'homme n'ayant pas de prédateur, il a peu de chances de passer dans le corps d'un chat ou de toute autre espèce animale. Simplement, *Toxoplasma* ne réfléchit pas ; il est programmé pour modifier le comportement de son hôte afin d'accroître ses chances d'être capturé par un chat. S'il habite une souris, tant mieux pour lui. S'il loge chez un homme, tant pis. Dans tous les cas, il agit sur le comportement de l'hôte. Environ 20 à 60 % des individus, selon les pays, sont parasités par *Toxoplasma*. Les femmes sont généralement plus au courant de leur état, car dans de nombreux pays le test de dépistage est obligatoire lorsqu'elles sont enceintes. Mais les hommes devraient également le faire, à titre de curiosité personnelle, car on découvre actuellement que la forme dite latente ne l'est pas vraiment. Les personnes positives, ayant nécessairement développé une réaction immunitaire contre le parasite et possédant donc la forme dite latente de *Toxoplasma*, ont des personnalités modifiées, sont plus exposées à certains accidents et au développement de certaines maladies mentales.

Cette jolie coccinelle vient de pondre plusieurs dizaines d'œufs. Lors de l'éclosion des larves, surprise : la moitié seulement des larves apparaissent. Ces larves se mettent à dévorer des pucerons, grossissent et ne tardent pas à se métamorphoser en coccinelles adultes, qui sont toutes des femelles. Où donc sont passés les mâles ? Ils sont tout simplement dans les œufs qui n'ont pas éclos. Curieux comportement que de pondre des œufs dont les embryons mâles meurent avant d'éclore. Et cette coccinelle n'est pas unique en son genre ; 5 % d'entre elles se trouvent dans ce cas. Il s'agit sans doute là d'une manipulation par un individu n'ayant pas les mêmes intérêts que la coccinelle. En effet, le fait de systématiquement tuer la moitié de ses descendants n'est pas une stratégie gagnante : il est préférable soit de faire directement moins d'œufs (et donc d'économiser le coût de la production d'œufs inutiles), soit de ne pas en tuer la moitié (et donc de faire plus de descendants). De plus, le fait de ne produire que des femelles n'est pas une caractéristique qui peut se répandre dans une espèce, car lorsque les femelles prédominent, il apparaît une sélection pour produire une plus grande proportion de mâles.

Ces femelles coccinelles, qui n'ont pas de frères, s'accouplent avec des mâles, puis pondent à leur tour. La moitié des œufs n'éclôt toujours pas, et les embryons mâles sont toujours tués dans l'œuf. Apparemment, ce trait paradoxal a été transmis aux filles par la mère. Il est maintenant classique, lorsque cela s'observe, d'appliquer un traitement antibiotique afin d'éliminer certaines bactéries responsables de ces manipulations. Dans le cas de notre coccinelle, le traitement s'avère radical : tous les œufs de la femelle ainsi traitée éclosent, les larves se développent normalement et, dans la descendance, on compte autant de mâles que de femelles. C'est que notre femelle était infectée par une bactérie tueuse d'embryons mâles, avec transmission de la mère à la fille. Mais quel intérêt trouve la bactérie à un tel massacre ? Elle vit dans les cellules de son hôte, à côté du noyau, y compris dans les cellules qui deviennent des ovules. Lors de la fécondation, le spermatozoïde n'apporte que son noyau, et ne transmet pas de bactérie. Ainsi, n'étant jamais transmise par un mâle, notre bactérie considère que les mâles sont tout simplement inutiles. Il suffira alors de les ignorer, mais pourquoi bloquer leur développement ? Il se trouve que la coccinelle pond tous ses œufs au même endroit, mettant ainsi toutes les larves en compétition alimentaire. La larve moins bien nourrie sera alors de taille plus petite et se reproduira moins bien. En supprimant les mâles, considérés inutiles de son point de vue, la bactérie permet aux femelles de se nourrir dans un environnement moins compétitif ; en favorisant ainsi les larves femelles, elle-même pourra mieux se reproduire.

Il est assez fréquent de trouver cette bactérie tueuse de mâles chez de nombreuses espèces de coccinelles, papillons, mouches et autres guêpes. Mais ce n'est pas tout. D'autres moyens existent, pour une bactérie logée dans les cellules d'un hôte, pour favoriser sa propre reproduction : il suffit d'agir sur la reproduction ou le déterminisme du sexe de l'hôte. Ainsi, pour certaines espèces d'insectes, des bactéries féminisent les mâles pour les transformer en femelles fonctionnelles ; certaines autres rendent les femelles seulement capables de produire des clones d'elles-mêmes (elles sont dites parthénogénétiques) ; d'autres encore induisent chez les mâles des facteurs de stérilité, qui agissent uniquement chez les femelles non infectées par les bactéries. Dans tous les cas, pour comprendre la forte fréquence de mortalité embryonnaire et de croisements stériles, on doit se demander à qui profite le crime. Lorsque deux espèces sont en interaction étroite, on observe souvent des traits qui semblent paradoxaux. En fait, la sélection naturelle favorisant la reproduction chez tous les êtres vivants, lorsque la reproduction de l'une affecte négativement celle de l'autre, il ne peut y avoir un optimum pour les deux simultanément.

La politique du chimpanzé : conflits d'intérêts entre individus

Pour voir une reine d'abeilles, il faut être patient : elle ne sort pas de sa ruche, trop occupée à pondre les dizaines de milliers d'œufs dont prendront grand soin les ouvrières. En observant de près l'intérieur de la ruche, on remarque parfois une ouvrière en train de pondre elle-même un œuf. Est-ce une abeille rebelle, désireuse de se dégager de sa condition d'ouvrière condamnée à rester vierge ? Chez cette espèce, même sans fécondation, certaines ouvrières peuvent pondre un œuf qui donnera un mâle. Mais cet œuf ne va pas survivre longtemps : une autre ouvrière va bientôt le détruire. Voilà encore un curieux comportement : pondre un œuf, puis laisser sa sœur le détruire ! Que diable se passe-t-il donc dans la ruche ? Encore un parasite qui manipule son hôte ? Non, ici le conflit n'est pas entre deux espèces. En fait, avant de fonder sa ruche, la reine a pris soin de proposer la place de roi à de nombreux prétendants (entre dix et vingt, en général), puis les a tous rejetés après en avoir gardé le sperme, précieusement conservé.

Par ce moyen, elle engendre des ouvrières (ses filles) issues de pères différents. Il est alors préférable, pour une ouvrière, d'élever un frère (pondu par sa mère) plutôt qu'un descendant d'une de ses demi-sœurs (voir le calcul génétique dans les notes). Elle va donc tuer l'œuf pondu par sa demi-sœur. Les demi-sœurs se surveillant entre elles, seuls seront conservés les œufs de la reine. La divergence d'intérêts entre ouvrières issues de pères différents permet à la reine de garder le contrôle de la ruche pour l'élevage des larves mâles. Ainsi est sauvegardée la paix sociale dans la ruche.

Un lion vient de prendre le contrôle d'une troupe : il commence par éliminer les lionceaux encore allaités par la mère ; laquelle, après ce sevrage abrupt, revient plus rapidement en œstrus afin de pouvoir concevoir et élever les descendants de ce nouveau mâle dominant. Aucun mécanisme, ici, de conservation de l'espèce. Il s'agit d'une sélection individuelle. Si elle tend à augmenter le nombre de ses propres descendants, l'élimination de la portée précédente est aisément sélectionnée. Aucun lion n'a le souci d'assurer la survie de son espèce, chacun cherche avant tout à prendre le contrôle d'un groupe de femelles afin de se reproduire, puis à s'assurer des alliances afin de le garder et de se protéger contre les autres prétendants. Telles sont les causes de ce massacre des innocents assez répandu chez les mammifères et autres animaux, avec variantes propres à chaque espèce, chez le babouin, le chimpanzé, le langur gris et le lycaon, des rongeurs et des oiseaux.

Le gorille des montagnes mâle qui, malgré la surveillance du père, parvient à tuer un jeune, signale par cet exploit une supériorité physique qui ne laissera pas la mère indifférente. Quel intérêt, en effet, de continuer à se reproduire avec un mâle incapable de protéger ses enfants ? Tout naturellement donc, elle va quitter le père faiblard pour rejoindre le puissant meurtrier de ses propres enfants. Grâce à la protection d'un père plus vigoureux, les nouveaux enfants disposent de meilleures chances de survie jusqu'à l'âge adulte. Ici encore, il ne s'agit en aucune façon de se reproduire pour la survie de l'espèce. Dans quelques dizaines d'années, du fait du braconnage et de la disparition des forêts, il ne restera que quelques troupes de gorilles des montagnes ; sans doute la compétition sera-t-elle alors plus forte pour se reproduire ; mais, malgré le risque grandissant d'extinction complète de l'espèce dans la nature, les jeunes mâles adultes tenteront toujours de massacrer quelques individus nouveau-nés afin de détourner la mère à leur profit. Des pratiques d'infanticide existaient encore récemment dans l'espèce humaine : dans certaines sociétés (les Tikopias d'Océanie et les Yanomamis d'Amérique du Sud), les jeunes enfants d'une femme nouvellement remariée étaient parfois tués à la demande du nouveau mari.

Chez les suricates, qui vivent en petites colonies dans les zones désertiques de l'Afrique du Sud, tous les adultes du groupe participent aux tours de garde pour surveiller les prédateurs, et tous contribuent au nourrissage des jeunes. Une seule femelle, cependant, assume l'essentiel de la reproduction. Or les autres femelles ne sont pas stériles : pourquoi donc s'abstiennent-elles ? Quel intérêt ont-elles à éviter la reproduction ? Aucun. Simplement, la vieille et grosse femelle impose sa volonté et les domine, selon une stratégie purement individuelle : tout faire afin de se reproduire davantage que ses congénères, jusqu'au point de supprimer complètement leur possibilité de se reproduire. Ou presque, car elle ne peut surveiller constamment tout le monde ; une (petite) partie échappe ainsi à son contrôle. La vie sociale, on le voit, offre beaucoup d'avantages individuels, mais bien des inconvénients aussi, en particulier cette reproduction restreinte, imposée par d'autres individus : il y a souvent sélection des stratégies de dominance menant à favoriser la reproduction d'un ou de plusieurs individus.

Ces stratégies parfois complexes relèvent, selon les primatologues, de véritables calculs politiques. Dans une troupe de chimpanzés, la position de mâle alpha (n° 1) est assez jalousée, car elle permet d'assurer l'essentiel de la paternité des nouveau-nés. Pour accéder à cette position dominante ou s'y maintenir, il ne faut évidemment pas être un gringalet, mais il faut aussi absolument entretenir des alliances solides. Le plus grand danger provient, en effet, des mâles placés juste au-dessous dans la hiérarchie, les mâles bêta et gamma. En général, si le mâle dominant a pu accéder au pouvoir, c'est avec l'aide du mâle bêta, mais si ce dernier fait ensuite alliance avec le mâle gamma, le premier risque d'être détrôné. Le principal souci d'un mâle alpha est donc de cultiver son alliance avec le mâle bêta et de bien surveiller les relations entre les mâles bêta et gamma. Pour le mâle dominant, une façon d'entretenir les alliances avec ses subordonnés est de leur concéder quelques possibilités de copulation en échange d'un soutien politique : c'est le prix à payer pour garder le pouvoir le plus longtemps possible. De telles alliances sont primordiales au regard des risques encourus ; le mâle dominant n'hésitera pas à éliminer définitivement un rival déclaré n'ayant pas d'appuis suffisants. Il est donc impossible de comprendre les comportements quotidiens des individus d'un groupe sans connaître les détails de la politique locale.

Certaines espèces ne s'embarrassent guère du qu'en dira-t-on. Chez les guêpes polistes, la nouvelle femelle dominante exécute froidement avec son dard les individus les plus dangereux, d'abord les bêta, puis les gamma. La tendance se retrouve, d'ailleurs, dans l'espèce humaine. Il était de tradition, dans l'Empire ottoman, d'exécuter les frères du nouveau roi, dont la légitime prétention à la royauté représentait une menace : en six siècles, soixante et un princes ont ainsi été assassinés. De même, les dictateurs du siècle dernier (Franco, Mussolini, Hitler, Pinochet et autres) avaient supprimé les partis d'opposition, ainsi que leurs dirigeants les plus influents. De tout temps, on le sait bien, les nouveaux despotes s'empressent toujours de supprimer ce qui pourrait menacer leur pouvoir.

C'est ainsi que certains individus ou groupes d'individus tentent d'imposer leur point de vue, ce qui génère des comportements paradoxaux aux yeux de qui ne tient pas compte des conflits d'intérêts. Les exemples sont légion, à tous les niveaux. Ainsi, pour comprendre la mortalité induite par le Mediator, médicament coupe-faim qui s'est avéré dangereux, il convient de considérer que les intérêts financiers d'une société pharmaceutique ne coïncident pas avec les intérêts sanitaires des utilisateurs. Il en va de même pour l'augmentation de l'obésité dans la population : les aliments issus de l'industrie agroalimentaire sont d'abord fabriqués dans le but de réaliser un maximum de profit, éventuellement même aux dépens de la santé du consommateur. Chacun pourra trouver bien d'autres exemples. C'est un problème général dans les sociétés animales, y compris les sociétés humaines composées d'individus ou sous-groupes ayant des intérêts différents : les conflits y sont résolus de façon plus ou moins avantageuse pour chacun.

Quand la migration entrave l'adaptation : les hirondelles de Tchernobyl

Voyez ces hirondelles de cheminée : parties d'Afrique du Sud, où elles ont tranquillement passé l'hiver, elles se dirigent maintenant vers le nord afin d'y trouver un territoire propice à la construction de nids. Celles-là semblent voler vers l'Angleterre, peut-être même vers l'Irlande ; tiens, celles-ci vont plus à l'est, vers la Russie ou l'Ukraine. Suivons-les ! Le trajet dure plusieurs mois, mais à l'arrivée la récompense est là : toute une région où, la concurrence étant réduite, on pourra aisément choisir et défendre un beau petit territoire afin d'y attirer une femelle. Nos hirondelles ignorent, malheureusement, qu'elles viennent de s'installer tout près de la ville de Tchernobyl, dans une zone interdite. Certaines même ont niché sur le bâtiment en ruine de la centrale, au-dessus du réacteur fondu. Il y règne une forte radioactivité ; des particules radioactives très énergétiques sillonnent en grand nombre cet environnement. Lorsqu'elles traversent un organisme vivant, ces radiations ont un effet ionisant : elles créent des molécules instables à fort pouvoir oxydant, des radicaux libres, qui peuvent fortement perturber le fonctionnement cellulaire et l'intégrité de l'ADN.

L'existence de radicaux libres n'est pas en soi un problème nouveau. Plusieurs processus physiologiques normaux génèrent aussi des molécules oxydantes, comme l'utilisation de l'oxygène dans les cellules. Différents moyens existent pour contrecarrer les effets néfastes des molécules ionisées, les molécules antioxydantes par exemple, particulièrement fréquentes dans les végétaux : les rayons solaires auxquels ces derniers sont exposés en permanence ont aussi, en effet, des propriétés ionisantes (les ultraviolets surtout). Ainsi, de nombreux animaux, homme compris, utilisent les molécules antioxydantes des végétaux consommés (carotène, vitamine C, tanins, anthocyane, etc.) pour lutter contre ces radicaux libres.

Mais nos hirondelles viennent de parcourir plus de 8 000 kilomètres. Cet effort physiologique considérable a généré bon nombre de radicaux libres et la réserve d'antioxydants est au plus bas. Les voilà en outre dans un environnement très ionisant ! La réponse à cette situation est spectaculaire : toutes les femelles ne pondent pas et certains œufs n'éclosent pas. Les jeunes nés malgré tout dans des zones contaminées présentent toute une série de modifications rarement observées ailleurs, comme des taches d'albinisme dans le plumage ou de fortes mutations de l'ADN.

Du fait des radiations, les hirondelles de Tchernobyl se reproduisent très peu ; d'une année à l'autre, leur survie est plus faible que celle des hirondelles vivant dans des zones non contaminées. Leur population devrait donc logiquement peu à peu diminuer, jusqu'à l'extinction. Or vingt ans après son arrivée, la population d'hirondelles de Tchernobyl est toujours là. S'est-elle adaptée aux conditions particulières de l'endroit, en développant, par exemple, une plus forte résistance aux rayons ionisants ? Pas du tout : il entre ici en jeu un phénomène qui rend difficile l'adaptation locale par sélection naturelle. Car la population d'hirondelles de

Tchernobyl n'est pas isolée. Prenons le cas d'un mâle issu d'une population voisine non contaminée, à la recherche d'un territoire pour y attirer une femelle. S'il se met à parader au milieu de la population de Tchernobyl, son succès est garanti, les autres mâles de l'endroit étant pâlichons et porteurs de caractéristiques corporelles peu reluisantes (plumes de la queue plus courtes, albinisme partiel, etc.). Ses chances sont donc plus fortes d'attirer une femelle et de se reproduire. Ses descendants, cependant, seront peu nombreux, pas très en forme et pâlots – par suite des fortes radiations –, et auront donc, à leur tour, moins de chances de se reproduire l'année suivante. La population d'hirondelles de Tchernobyl est ainsi devenue ce qu'on appelle un puits démographique : reproduction et survie locale y étant trop faibles pour le maintien d'un effectif normal, ce sont les migrants issus de populations non contaminées, à excédent démographique, qui à chaque génération compensent le déficit.

La migration massive d'individus non adaptés aux conditions locales représente un frein considérable à l'adaptation et une limite à la sélection naturelle. Sans cette migration, pourrait-on cependant assister à une adaptation des hirondelles aux conditions particulières de Tchernobyl ? Pour ce faire devraient se trouver réunies les trois conditions de la sélection naturelle : variation (les différents individus n'ont pas le même niveau de résistance, si faible soit-il, aux rayons ionisants), transmission (le niveau de résistance est transmis à la génération suivante) et reproduction différentielle (les individus se reproduisent d'autant plus que leur résistance aux radiations est forte). L'expérience a été tentée en laboratoire sur de nombreuses espèces. Il suffit de les soumettre à des radiations ionisantes et de ne retenir, pour la génération suivante, que ceux qui se reproduisent le mieux dans ces conditions. Au fil des générations, on obtient ainsi des individus de moins en moins affectés par les radiations ionisantes. Toutes les espèces ainsi sélectionnées s'adaptent aux radiations – bactéries, levures, insectes et mammifères. Certes, surtout au début, la dose employée ne doit pas être trop forte, sinon le risque est grand qu'aucun variant suffisamment résistant ne soit alors présent. C'est peut-être le cas de la population d'hirondelles de Tchernobyl : le rayonnement ionisant actuel réduit sans doute trop fortement la reproduction et la survie. Mais il existe de nombreux autres endroits adjacents montrant une contamination radioactive moins forte. Là encore, tant que les radiations affecteront l'état des individus, les migrants issus des zones non contaminées auront un avantage compétitif, ce qui freinera considérablement l'apparition de la résistance aux rayons ionisants.

Les effets des radiations ne se cantonnent pas qu'aux hirondelles, évidemment. Toute la faune (homme compris) et la flore sont affectées. Les premières études scientifiques sur les abondances des différents animaux (insectes, araignées, poissons, amphibiens, oiseaux, mammifères) dans les zones contaminées montrent une réduction générale des effectifs et une forte fréquence des individus présentant des malformations ou des tumeurs. Lorsque cela a été mesuré, l'espérance de vie a été trouvée réduite, la reproduction diminuée et le processus de vieillissement accéléré. Il est ainsi possible que les zones fortement contaminées par la catastrophe de Tchernobyl soient maintenant des puits démographiques, au moins pour les espèces qui se déplacent beaucoup : constamment colonisées par des individus en bonne forme venant de populations non contaminées, conduisant à une reproduction insuffisante et à une survie réduite du fait des fortes radiations... Ici, la migration est un frein à l'adaptation.

La résistance aux insecticides du moustique des villes, évoquée plus haut, est un autre exemple de l'effet de la migration. Dans la région de Montpellier, ce moustique pond en général ses œufs dans une zone de 7 à 8 kilomètres autour de son lieu d'éclosion, ce qui permet de calculer qu'en traitant une bande de cette largeur la migration sera trop forte pour qu'un gène de résistance soit avantagé. Effectivement, les descendants d'un individu résistant ont beaucoup de chances de se retrouver en dehors de la zone traitée, et donc d'être désavantagés (du fait du dysfonctionnement qu'occasionne le gène de résistance). Pour contrôler une zone plus large, il suffit d'appliquer un traitement sur une bande adjacente de même largeur, en utilisant un insecticide différent.

L'effet de la migration est assez général : l'adaptation à un nouvel environnement peut être ralentie ou bloquée si la taille du nouvel environnement est inférieure à la distance moyenne de migration de l'espèce. Les mésanges bleues du sud de la France sont adaptées aux forêts abondantes de chênes verts, ce qui se traduit par une date de ponte tardive. Effectivement, l'abondance des chenilles – nourriture principale et bien localisée dans le temps de la nichée – est liée à la date de débourrement des bourgeons, qui est tardive pour cet arbre. Mais il existe quelques forêts de chênes pubescents dont les bourgeons débourrent bien plus tôt : les mésanges bleues qui s'y installent proviennent des forêts adjacentes de chênes verts auxquelles elles sont génétiquement adaptées. Elles peuvent légèrement moduler leur date de ponte et pondre un peu plus tôt, mais pas suffisamment. Elles pondent donc trop tard par rapport au pic d'abondance des chenilles de cet habitat et élèvent des jeunes en faible nombre et mal nourris, qui seront peu compétitifs. L'adaptation à ces forêts (une date de ponte plus précoce) ne peut être ici sélectionnée du fait de la migration constante d'individus adaptés aux forêts de chênes verts. Évidemment, on pourrait objecter que la date de ponte est un trait qui ne peut être sélectionné (ce qui est d'ailleurs faux). Mais il existe une situation exactement symétrique en Corse, où les mésanges bleues sont génétiquement adaptées aux abondantes forêts de chênes pubescents et pondent précocement. En revanche, celles qui occupent les rares forêts de chênes verts pondent trop tôt et manquent à leur tour le pic des chenilles, pour la raison inverse. En Corse comme sur le continent, la reproduction est optimisée pour l'habitat le plus abondant et ne peut être améliorée localement dans les habitats moins fréquents du fait du flux constant de migrants.

On connaît de multiples situations similaires, avec un habitat majoritaire auquel les individus sont adaptés (habitat source, démographiquement excédentaire) et un habitat minoritaire dans lequel l'adaptation est impossible (habitat puits, démographiquement minoritaire) du fait de la migration constante depuis l'habitat majoritaire. C'est, par exemple, le cas pour le cerf à queue blanche dont les populations des habitats fragmentés du nord de la Floride ne se maintiennent que par l'immigration d'individus issus des habitats plus favorables du sud ; pour le petit poisson gambusie dans les bayous du Texas, dont l'adaptation aux eaux douces (habitat puits) est arrêtée par l'immigration constante d'individus adaptés aux eaux salées (habitat source) ; mais aussi pour le caribou, dans les habitats de toundra (source) et de forêt (puits) ; ainsi que pour les moules dans les zones d'estuaire (puits), dont l'adaptation génétique à une moindre salinité est contrecarrée par l'apport massif de migrants des eaux marines (source).

Les compromis bloquent l'optimisation

Jeanne Calment attribuait sa longue vie (122 ans et 5 mois, soit 44 724 jours) et son apparence relativement juvénile à l'huile d'olive, utilisée pour la cuisine et dont elle s'enduisait aussi la peau, au petit verre de porto quotidien et au kilo de chocolat hebdomadaire. Certes, le lien est étroit entre alimentation et santé ; un régime restreint en calories, par exemple, accroît la longévité de la plupart des animaux, mammifères y compris. Pour autant, ne vous précipitez pas sur le chocolat et le porto, dans l'espoir d'approcher ou de battre ce record mondial. Car les gènes jouent aussi un rôle important dans la longévité et le processus de vieillissement. Selon les gènes de chacun, le processus de vieillissement est plus ou moins avancé ou retardé. Incidemment, on peut se demander comment la sélection naturelle peut favoriser des gènes qui diminuent notre longévité.

Soit une souris porteuse d'un gène réduisant sa durée de vie après l'âge de 2 ans. Dans une ferme où abondent les chats, elle mène une vie dangereuse ; elle a peu de chances d'atteindre son deuxième printemps, mais sans doute se sera-t-elle reproduite avant de périr croquée. Elle va donc transmettre à ses descendants ce gène réducteur sans être désavantagée, sur ce point, par rapport à ses congénères. En revanche, dans un monde sans prédateur, cette souris risque d'être moins bien armée par rapport aux souris ayant une vie plus longue, et elle laissera moins de descendants. Dans ces nouvelles conditions seront alors sélectionnés les gènes qui augmentent la longévité. Effectivement, dans les milieux où la prédation est faible, on peut observer des longévités étonnantes. Le protée, petit amphibien de 15 à 20 grammes vivant dans les grottes, atteint couramment 70 ans et peut même devenir centenaire. Les insectes sociaux (abeilles, guêpes, fourmis, termites), qui se construisent des lieux de vie bien protégés, présentent également une étonnante longévité, jusqu'à cent fois plus élevée que celle d'insectes solitaires de taille identique.

Il existe par ailleurs des gènes qui, outre leur action sur la longévité, agissent également sur la fertilité. Bien sûr, les gènes diminuant à la fois l'une et l'autre ont peu de chances d'être retenus. Considérons plutôt des gènes qui augmentent la reproduction dans la première moitié de la vie et diminuent la longévité dans la seconde. Les théoriciens affirment que ces gènes sont spécifiquement retenus par la sélection naturelle et peuvent contribuer à expliquer le phénomène de sénescence. Qu'en est-il en réalité ?

Chaque fois que, sur un animal de laboratoire, du petit ver à la souris en passant par une petite mouche, des chercheurs ont trouvé un gène augmentant la longévité, parfois d'un facteur considérable, les espoirs les plus fous semblaient permis. Las, il fallut déchanter, cette augmentation de longévité, bien réelle, étant à chaque fois liée à une baisse de la fertilité. Car il est rare qu'un gène ait un seul effet ; il agit souvent sur plusieurs fonctions, parfois à des endroits différents du corps, ou à des âges différents. Dans ces conditions, il faut nécessairement faire des compromis, car un changement favorable pour une fonction peut se révéler défavorable pour d'autres. C'est le cas entre longévité et fertilité chez de nombreux animaux, même si tout n'est pas encore compris dans les liens exacts entre ces fonctions.

Cette dépendance entre fonctions est assez générale. Dans le cas de la résistance du moustique aux insecticides, le gène de résistance améliore la survie en présence d'insecticide, mais il induit en même temps toute une série d'effets indésirables, comme un risque accru d'infection par une bactérie ou une moindre capacité d'échapper aux prédateurs. Ce gène est toutefois sélectionné du fait de la prédominance de l'effet de survie. Voilà notre moustique résistant, mais un peu mal en point. Il s'en remettra, car d'autres gènes seront sélectionnés pour compenser ses effets indésirables. Quoi qu'il en soit, les gènes à effets multiples sont loin d'être rares, et la sélection agit alors par compromis. Adieu vain espoir d'éternité, la vie a une fin programmée, même pour le protée et la fourmi.

Les petites populations : aucune chance pour le dodo

Lorsque l'homme a débarqué pour la première fois sur l'île Maurice, il y a trouvé en abondance un oiseau d'un mètre de hauteur, d'une vingtaine de kilos, ne fuyant pas et ne sachant plus voler : le dodo. Son ancêtre était une sorte de pigeon, arrivé sur l'île Maurice en volant, et devant se méfier des prédateurs, comme le font habituellement la plupart des oiseaux. Mais, comme il n'y avait aucun prédateur sur l'île, plus rien n'avantageait les comportements de méfiance et de fuite, et ceux-ci finirent par disparaître. C'est pourquoi l'on trouve régulièrement, sur des îles sans prédateur, des espèces comme le dodo qui n'ont plus de réflexe de fuite face à un individu ayant la ferme intention de les dévorer. Facile à capturer, cet oiseau a ainsi servi à remplir les cales de bateaux afin de constituer des réserves de viande.

La chasse avantage les individus les plus méfiants ou les plus craintifs, qui ont ainsi moins de chances de se faire repérer et vont donc en moyenne survivre et se reproduire plus que les autres. Mais si cette chasse diminue trop vite la population de dodos, il y a de moins en moins de chances de voir apparaître un variant craintif : moins il y a d'individus, moins il y a de variation entre les individus. Et si la variation diminue, les possibilités de sélection naturelle diminuent d'autant. La variation est ici générée par des mutations génétiques, car il ne peut y avoir apprentissage, un dodo ne survivant pas s'il ne fuit pas. Il aurait fallu qu'apparaisse d'emblée un individu extrêmement méfiant, car le décalage était grand entre la naïveté insulaire du dodo et l'âpreté au gain des chasseurs jamais bredouilles. La plupart des mutations ont des petits effets, et très peu ont de gros effets. Ainsi, l'apparition d'un variant extrême (par exemple extrêmement méfiant) est très improbable dans de petites populations. Le dodo a rapidement disparu, le dernier n'ayant sans doute jamais compris ce qu'était un prédateur.

Bien avant le dodo, la même chose est arrivée aux moas de Nouvelle-Zélande. En débarquant sur cette île inhabitée, au XIVe siècle, les Maoris y ont trouvé, en très grande abondance, une dizaine d'espèces de moas, oiseaux géants dépassant pour certains 3 mètres de haut, herbivores, incapables de voler, peu dangereux et faciles à capturer. Un siècle plus tard, les moas avaient complètement disparu, la présence de l'homme ayant transformé l'environnement de façon trop drastique pour qu'il fût possible aux différentes espèces de s'adapter aux conditions nouvelles. Il leur aurait fallu pour cela réduire, par exemple, le temps d'arrivée à la maturité sexuelle (environ dix ans), accroître leur fécondité (qui était faible) et développer des comportements de méfiance. Mais, pour sélectionner tous ces traits par sélection naturelle, il faut de la variation, une population importante et de nombreuses générations. L'extinction s'est faite sur environ un siècle, soit un maximum de dix générations de moas. Par ailleurs, leur prédateur habituel, un aigle géant, a disparu lui aussi du fait d'une restriction trop brutale de sa nourriture. Avec des possibilités réduites d'adaptation, les petites populations ont de grandes chances de s'éteindre si elles sont fortement perturbées.

D'improbables stades intermédiaires

Malin, le bernard-l'hermite ! Solide et gratuite, la coquille qui l'abrite lui permet de se promener en terrain découvert à la recherche de nourriture sans craindre d'être croqué par un prédateur. Selon les paléontologues, les plus anciens bernard-l'hermite se trouvent dans des couches sédimentaires du jurassique inférieur (vieilles de 190 millions d'années). Avant cette date, le bernard-l'hermite ressemblait à une sorte de crevette, ne se souciait pas d'occuper une coquille vide ni d'ailleurs de s'aventurer en terrain découvert. Comment s'est faite la transition ?

Si l'on observe la morphologie du bernard-l'hermite (abdomen incurvé pour mieux s'insérer et se maintenir dans la coquille) et son comportement complexe pour changer de coquille et en sélectionner une nouvelle au moment de la mue, tout laisse penser qu'il fallait la conjonction de plusieurs événements assez improbables pour parvenir à un premier stade intermédiaire offrant un avantage. Cela explique sans doute que, entre l'apparition du groupe des crevettes au début de l'ère secondaire (et peut-être même avant) et le moment où les bernard-l'hermite se sont différenciés, les coquilles vides du fond des mers soient restées inoccupées pendant au moins 60 millions d'années. Certaines adaptations mettent parfois du temps à être sélectionnées du fait des stades intermédiaires très peu fréquents, voire exceptionnels. Mais, une fois cette adaptation apparue, il se produit souvent une diversification accélérée : tel a été le cas des bernard-l'hermite.

Autre environnement inexploité pendant des lustres, celui des fonds plats sous-marins où il est possible de chasser à l'affût. S'il n'y a pas de rocher où se cacher, il faut s'aplatir pour se camoufler. Quelques petits invertébrés sont toujours en embuscade dans ces milieux, mais les poissons sont plutôt tranquilles, hors de la menace des gros prédateurs... Du moins pendant plusieurs centaines de millions d'années. Un prédateur qui serait légèrement aplati pourrait commencer à y chasser, les proies n'étant pas encore méfiantes. Les individus les plus aplatis seraient moins repérés par les proies potentielles, et pourraient mieux se nourrir et se reproduire, ce qui conduirait à la sélection progressive de poissons de plus en plus camouflés car de plus en plus plats.

Toutefois, un problème se pose : les poissons se propulsent par mouvements latéraux du corps et de la queue, la force de propulsion étant liée à la surface verticale de l'ensemble. À mesure que les poissons s'aplatissent, cette surface se réduit et la force de propulsion diminue. En se camouflant mieux, le poisson devient moins apte à fondre sur sa proie ; pour un chasseur à l'affût, l'inconvénient est de taille. Il y a ici impossibilité à optimiser simultanément deux fonctions, camouflage et capacité à capturer une proie. Il est certes possible de se propulser par des mouvements verticaux du corps et de la nageoire caudale, comme font lamantins, baleines et dauphins. Mais tous les vertébrés nageant aujourd'hui de cette manière ont des ancêtres terrestres.

Certes il existe (ou il existait) de nombreux animaux aquatiques nageant comme des poissons et ayant aussi des ancêtres terrestres, comme l'iguane marin, le crocodile, l'ichthyosaure (reptile marin de l'ère secondaire), le mosasaure (lézard géant de la fin du secondaire) et quelques dizaines d'autres. Mais ceux nageant par mouvements verticaux ont tous des ancêtres terrestres qui, sur terre, avaient développé la course. Un lézard ne sait pas courir ; il peut marcher très vite, mais il lui manque la musculature longiligne permettant d'utiliser simultanément les pattes avant ou les pattes arrière, comme fait par exemple un cheval au galop. Sur un tapis roulant, un chien en pleine course semble ne faire que des mouvements verticaux. Cela prédispose évidemment à continuer à utiliser ce genre de mouvement lors des stades intermédiaires vers le milieu marin, comme l'ont fait par exemple les cétacés. Animal terrestre coureur, l'ancêtre des cétacés avait, lui, un très lointain ancêtre aquatique, un poisson nageant par mouvements horizontaux. Il est donc possible, à l'intérieur d'une même lignée, de changer la façon de nager, mais les seuls exemples connus montrent l'existence d'un intermédiaire terrestre ayant développé la course. On peut en déduire que changer la façon de nager sans quitter le milieu aquatique n'est peut-être pas possible. Il est d'ailleurs difficile d'imaginer ce que pourrait être une forme intermédiaire d'un tel changement, surtout en imposant la condition que la performance de nage ne soit jamais diminuée.

Quoi qu'il en soit, il y a là une véritable contrainte, une impossibilité à optimiser deux fonctions à la fois. Contrainte non résolue, mais contournée de façon surprenante : plutôt que de s'aplatir, il suffisait de se pencher d'un côté ! Et la chose n'est pas si simple car, par exemple, cela rend un œil inopérant, ce qui est préjudiciable pour un prédateur ayant besoin d'une vision binoculaire pour la chasse. Le processus a donc dû être graduel : les variants légèrement penchés devaient être légèrement camouflés, et ceux ayant aussi un œil un peu déplacé devaient être encore plus avantagés. Peu à peu, les proies devenant de plus en plus méfiantes dans cet environnement, les individus de plus en plus penchés, et avec un œil de plus en plus déplacé vers l'autre, furent avantagés. On peut voir le résultat chez le poissonnier en contemplant un turbot : la bouche sur le bord permet de localiser le côté ventral et de comprendre que l'animal est couché sur son côté droit ; le « dos » est en fait son côté gauche et sa tête, avec les deux yeux du même côté, semble avoir été sculptée par Picasso. Le grand corps plat, toujours avec une nage fondamentalement droite/gauche, mais changée ici en haut/bas, est d'une efficacité redoutable pour fondre sur une proie. Cette innovation a conduit à une grande diversification des poissons plats.

Compétition entre espèces :
à qui profitera le réchauffement climatique ?

Le réchauffement global du climat est désormais chose admise. Quelles répercussions aura-t-il sur les plantes et les animaux ? Les variants mieux adaptés aux températures plus élevées seront avantagés, ce qui conduira peu à peu à déplacer l'optimum de température pour l'espèce afin de s'adapter aux nouvelles conditions. Cette situation idéale oublie cependant qu'une espèce n'est jamais seule. Si un papillon du nord de la France ne supporte pas les températures méditerranéennes, il a peu de chances de s'adapter au réchauffement climatique en restant sur place : il va en effet se retrouver directement en compétition avec les papillons méditerranéens remontés vers le nord pour y trouver des conditions idéales. Ces espèces auront donc toujours avantage à migrer plus au nord, afin de se maintenir dans la température optimale à laquelle elles sont déjà adaptées. C'est bien ce que confirme l'observation des espèces les mieux étudiées en Europe : on assiste actuellement à un déplacement vers le nord de l'aire de distribution des oiseaux, des papillons et des plantes.

Que deviennent les espèces les plus nordiques, qui n'ont aucune possibilité de se déplacer afin de garder un environnement à température optimale ? Ou encore celles qui se déplacent peu et ne peuvent migrer suffisamment vite vers le nord ? Leur avenir est plutôt sombre, surtout en cas de faibles effectifs, car elles se trouveront en compétition avec des espèces mieux adaptées. De nombreuses extinctions d'espèces ont d'ailleurs déjà eu lieu. On commence toutefois à observer des adaptations au changement climatique (chez la chouette hulotte, par exemple). Ainsi, il va être intéressant, dans les décennies qui viennent, de suivre le résultat de cette expérience de changement climatique grandeur nature et de comprendre ce qui détermine le déplacement vers le nord ou bien l'adaptation aux nouvelles conditions malgré la compétition avec d'autres espèces.

La sélection naturelle n'est pas un processus instantané pouvant tout faire en tout lieu : ce tour d'horizon le montre bien. Il est toutefois indéniable qu'elle demeure un mécanisme explicatif primordial du monde vivant. À tel point que le mécanisme de la sélection naturelle commence à sérieusement intéresser un certain nombre de personnes, dont il sera question dans le chapitre suivant.

CHAPITRE 4

La sélection naturelle en action

Pauvre petite araignée, condamnée à n'utiliser que des matériaux fragiles pour construire sa toile ! Quelques fils d'acier bien trempé pour bâtir la structure d'ensemble ne seraient-ils pas un joli cadeau à lui faire ?

L'araignée refuserait très certainement le cadeau... À poids égal, son fil est cinq fois plus résistant que l'acier. En considérant son élasticité, sa capacité à absorber les chocs, sa transparence, sa résistance aux ultraviolets et à l'humidité, il ne peut être remplacé par aucun matériau connu sans que la toile perde son efficacité. Les fils d'araignée qui composent les toiles dans votre grenier sont différents de ceux des grandes toiles que l'on rencontre dans les forêts. L'environnement est différent, les proies visées ne sont pas les mêmes, le renouvellement de la toile se fait différemment, et la composition des fils, bien sûr, est aussi différente. On recense plus de 41 000 espèces d'araignées et probablement autant de variations dans la composition des fils. Certains fils doivent être particulièrement résistants, ceux, par exemple, d'une toile située en milieu hostile. Une espèce d'araignée n'hésite pas à tendre un fil pouvant atteindre 25 mètres de longueur, au-dessus d'une rivière : à ce fil, elle suspend une grande toile, particulièrement bien placée alors pour la capture de nombreuses proies. Ce type de fil possède la plus forte résistance à la cassure par étirement jamais mesurée dans un matériau biologique.

Les araignées fabriquant des fils depuis plus de 400 millions d'années, il n'est pas étonnant que l'on observe une certaine optimisation dans les propriétés de la toile. Il est logique que la composition du fil d'araignée soit particulièrement étudiée par les chercheurs, qui rêvent de l'améliorer encore. Cette amélioration est certainement possible, si d'autres propriétés, comme le degré de transparence ou la tolérance à l'humidité, ne sont plus impératives. L'araignée n'en voudra pas, mais l'homme aura trouvé à peu de frais un matériau déjà optimisé qu'il aura détourné pour un autre usage. Et ce qu'il fait pour le fil de l'araignée, il peut le faire pour bien d'autres choses : tout ce qui a été optimisé par la sélection naturelle est potentiellement une source d'inspiration pour l'ingénieur, source parfois complètement inattendue.

Biomimétisme : copier le résultat de la sélection naturelle

Les adaptations que présentent les êtres vivants sont le résultat d'un processus sélectif ayant opéré sur de nombreuses générations, parfois des centaines de milliers, voire des millions. Lorsque la sélection s'est produite dans une même direction pendant un temps suffisamment long, elle aboutit à des adaptations dont certains aspects sont particulièrement optimisés. Copier directement ces adaptations semble alors bien plus économique que tout autre processus ou planification d'ingénieur.

L'ormeau, coquillage marin de nos côtes, est habitué à vivre accroché aux rochers, dans des endroits bien oxygénés, où courants et vagues dominent. Sa coquille est donc remarquablement résistante aux chocs et à la cassure. Pourtant, le carbonate de calcium, son constituant essentiel (97 %), n'est pas spécialement résistant. Mais il possède une structure en sandwich qui multiplie sa résistance par 3 000 ! Entre les couches de carbonate s'insèrent des protéines adhésives pouvant s'allonger sans se rompre en réponse à une force de traction. Cet allongement se fait progressivement, à différents endroits suivant la force exercée, ce qui absorbe l'énergie en évitant une cassure, et la structure moléculaire des protéines adhésives reprend sa configuration initiale une fois le choc absorbé. La coquille, intacte, est prête à affronter un autre choc. Inclure dans une structure légère, mais qui doit être solide, des molécules pour absorber les chocs de façon modulaire et graduelle, voilà un principe intéressant. L'ormeau n'est pas le seul à avoir exploré cette possibilité. En fait, on retrouve ce principe de construction dans un grand nombre de structures animales nécessitant une grande résistance à la rupture, comme les os. Ce principe est actuellement copié dans le but de concevoir des matériaux bien plus résistants que ceux qui sont actuellement fabriqués, et dont les applications sont potentiellement très larges.

De nombreux animaux et plantes, exposés à de fortes doses de rayonnements ultraviolets, ont développé des adaptations spécifiques contre ce danger. La mélanine de la peau humaine en est probablement un exemple (voir chapitre 5), et les enseignements de l'edelweiss, petite plante des montagnes européennes, sont très instructifs. La fleur est connue pour absorber complètement les ultraviolets, abondants en altitude. En étudiant ses structures morphologiques en détail, on découvre que les poils qui couvrent ses « pétales » sont constitués de fibres parallèles de 0,18 μm (micromètre ou millième de millimètre) de diamètre, ce qui est proche de la longueur d'onde des ultraviolets. À partir de là, les physiciens peuvent comprendre le détail du phénomène : « En inventant cette structure, la nature pourrait avoir trouvé une solution astucieuse à un problème technologique fréquent. Les écrans aux ultraviolets sont de première importance pour de nombreux matériaux : emballages, écrans solaires en cosmétique, poudres anti-UV pour les voitures ou le bâtiment. La plupart de ces applications utilisent des nanoparticules d'oxyde de titane (TiO_2), de 10 à 50 nanomètres (millionièmes de millimètre), qui sont difficiles à manier, surtout sous la contrainte de biocompatibilité. Le type de structure développé par l'edelweiss pourrait s'avérer intéressant pour produire une très forte absorption des ultraviolets avec des particules plus grandes (mais structurées) dont la position pourrait être stabilisée beaucoup plus facilement. »

Mimer son environnement est une stratégie classique pour ne pas se faire repérer. C'est ce que fait un petit hanneton asiatique vivant sur des champignons blancs. Ce hanneton est donc blanc, parfaitement blanc, d'une blancheur même tout à fait inhabituelle puisqu'elle dépasse celle du papier le plus blanc. Peut-on améliorer la blancheur du papier blanc en copiant le hanneton ? Les petites écailles qui recouvrent son corps sont constituées d'un réseau aléatoire à trois dimensions de filaments qui dispersent la lumière. L'agencement particulier de ces filaments permet une dispersion optimisée de la lumière, ce qui conduit à une blancheur maximale. Cela permet de comprendre que les minéraux qui sont actuellement inclus dans les papiers pour augmenter la diffusion de la lumière sont en densité trop importante : l'interférence entre les différents points de diffusion réduit effectivement la blancheur. Le principe de la blancheur de l'écaille de ce hanneton a de nombreuses applications potentielles pour augmenter la couleur blanche et la brillance d'objets, de papiers, de peintures ou de plastiques.

Vous êtes une petite mouche à la recherche d'un grillon bien gras, non pas pour le dévorer, mais pour y déposer une larve, qui aura là un excellent garde-manger. Où se trouve donc ce grillon qui stridule ? Vous le localisez instantanément et vous vous ruez sur lui avant qu'une autre mouche ne vous double. Après votre méfait, vous voletez à la recherche d'un autre grillon, tout en passant à côté d'un amphithéâtre universitaire, où un professeur de physique explique comment on peut localiser la source d'un son. Vous écoutez distraitement sa voix assurée qui explique : « La localisation des sons passe par l'analyse des différences perçues entre deux récepteurs, ou oreilles. Mais la physique de la propagation des sons montre que, pour une fréquence donnée, l'information utilisable pour la localisation diminue avec la taille du récepteur, et la distance entre les deux récepteurs. » Vous êtes sur le point de sécher le cours, mais le professeur vient manifestement de vous repérer ; il vous montre même du doigt : « Regardez cette petite mouche, elle fait moins de 1 centimètre de longueur ; si elle possède des récepteurs de son, ils sont forcément petits et assez rapprochés. Cette mouche ne peut donc pas détecter l'origine d'un son provenant par exemple de ce grillon qui stridule avec une longueur d'onde de 6 ou 7 centimètres. » Vous réalisez alors que le professeur vient d'entendre un autre grillon, mais, apparemment, il ne l'a pas encore trouvé : il est encore pour vous...

Les scientifiques se sont longuement penchés sur votre cas et votre capacité de détection de localisation des sons semblant défier la physique. Ils ont fini par trouver l'astuce, et vous prennent maintenant en exemple avec admiration : « Cette mouche possède deux petits récepteurs auditifs sur le dos. La différence de temps d'arrivée du son sur chacun d'eux est indétectable par les neurones, mais elle est amplifiée par la vibration de la membrane située entre les récepteurs. Ce couplage entre les deux récepteurs permet alors au très faible signal d'être traité par le système nerveux. » J'espère que vous avez breveté votre invention, car votre système a été copié afin de concevoir des micros directionnels de très petite taille, bien plus performants que les micros conventionnels.

Comment fait le crotale pour capturer un rat en pleine course, dans le noir complet et en le saisissant précisément derrière les oreilles afin d'éviter ses morsures ? Il doit nécessairement le « voir » d'une façon ou d'une autre, et avec une grande précision. Effectivement, le crotale possède un petit organe permettant de détecter la chaleur, c'est-à-dire le rayonnement infrarouge. C'est un petit organe creux, localisé entre l'œil et la narine de chaque côté de la tête, qui fonctionne comme un appareil photographique à sténopé (le dispositif optique est un simple trou). La largeur et la profondeur du trou étant d'environ 1 millimètre, l'image est nécessairement très floue, et ne permet pas d'expliquer les performances étonnantes de vision dans le noir. Il y a nécessairement une astuce quelque part. Si l'image formée par cet organe rudimentaire est nécessairement floue, peut-être son traitement par les neurones parvient-il à l'améliorer ? Des calculs précis ont permis de montrer qu'il est effectivement possible de traiter l'image floue qui s'imprime sur la rétine de cet organe, pour en donner une représentation virtuelle proche de la réalité. Il n'a pas été prouvé que les crotales possèdent exactement le type de traitement neuronal proposé, mais il est envisageable de les explorer plus systématiquement. Et surtout, cela ouvre des perspectives insoupçonnées dans le traitement des signaux de détection imparfaits.

Vous cherchez un système de forage efficace ? Copiez les outils de ceux qui forent depuis des lustres ! Certaines guêpes, par exemple, forent le bois à l'aide d'un long ovipositeur afin d'y déposer leurs œufs. Le système de forage actuellement utilisé par l'homme est basé sur l'abrasion par rotation, ce qui nécessite une forte poussée pour être efficace. Cette poussée est générée par le poids de la tête de forage et de toute la tuyauterie au-dessus, ce qui rend d'ailleurs ce principe de forage inopérant en faible gravité, comme sur la Lune ou sur Mars. La nécessité de cette forte poussée est aussi problématique lorsqu'il s'agit, par exemple, d'insérer une sonde dans un cerveau, en minimisant les dégâts. Le système de forage de la guêpe est basé sur un va-et-vient alternatif de deux pièces juxtaposées mais décalées, qui fonctionne quelle que soit la gravité, et qui génère une poussée minimale et locale. Ce système est maintenant copié pour concevoir une nouvelle génération d'outils de forage. Évidemment, le système de la guêpe est optimisé pour forer du bois, il est donc probablement nécessaire d'y apporter quelques modifications pour trouer d'autres matériaux, en n'oubliant pas la variété des outils de forage dans le monde animal, ce qui permet d'étendre facilement la recherche de solutions.

Et si vous cherchez à réaliser des piqûres sans douleur, allez voir du côté des insectes dont le système d'injection et de pompage a évolué pendant des millions d'années pour être le plus discret possible : les moustiques ! Chez cet insecte, les pièces buccales servant à percer la peau sont nombreuses et complexes ; en les imitant, aussi bien dans leur forme que leur vitesse de fonctionnement, il est possible de concevoir une aiguille bien moins douloureuse que celles utilisées aujourd'hui.

La liste pourrait s'allonger indéfiniment. Par exemple les revêtements adhésifs inspirés des pattes du gecko, ce lézard qui marche au plafond ; les surfaces facilement lavables imitant les structures moléculaires de la surface autonettoyante des feuilles de lotus ; un sous-marin à membrane ondulante, telle une nageoire, se déplaçant comme un poisson et sans turbines trop aisément détectables ; une sonde à pression pour équiper des bateaux et copiant l'organe des poissons (la « ligne latérale »), et leur permettant de détecter précisément les objets proches ; une ancre légère et robotisée pouvant s'enfoncer facilement d'elle-même dans le sable ou la boue, utilisant le même principe d'enfouissement que la palourde ou les couteaux. Sans oublier l'exemple célèbre du Velcro, inspiré d'une plante, la bardane : en sachant que les barbes de la bardane sont optimisées pour s'accrocher aux poils de mammifères (afin de les utiliser pour la dispersion des graines), vous comprenez maintenant pourquoi il faut éviter de se prendre les cheveux dans du Velcro.

Le biomimétisme, imitation des solutions déjà élaborées par les êtres vivants, est en plein essor actuellement. La raison en est simple : pour produire les matières industrielles (acier ou plastique), il faut des matières premières (minerai ou pétrole), de hautes températures et des solvants souvent toxiques. Tout cela nécessite de grosses quantités d'énergie, pour l'extraction de la matière première, son transport et sa transformation mécanique, thermique ou chimique, et la création de pollutions importantes à toutes les étapes. Le fil d'araignée (plus résistant que l'acier) se construit à température ambiante, à partir de quelques mouches digérées, et reste complètement biodégradable. Le verre est fabriqué par l'homme en faisant fondre du sable à 1 400 °C. Une petite algue se fabrique une coque en verre à température ambiante, en assemblant des molécules de silice et en y insérant quelques protéines, certaines de ces coques étant plus résistantes ou plus souples que le verre industriel, et tout aussi transparentes. Le secret des matériaux biologiques se trouve dans leur structure : c'est au niveau moléculaire que l'on comprend leurs propriétés étonnantes. Cela n'a d'ailleurs rien d'extraordinaire : la construction de matériaux, dans le monde vivant, se fait généralement par des cellules spécialisées qui manipulent des molécules ; il est donc facile de créer de la variation de structure à cette échelle, et de ne retenir (par sélection naturelle) que les plus efficaces.

L'homme a commencé à jouer à l'ingénieur en prenant un gros silex et en lui ôtant des éclats pour lui donner la forme voulue. Certes, au fil du temps, le silex taillé est devenu plus fin, diversifié, et sans doute plus efficace. Mais il a conservé des propriétés indésirables, du fait même de sa matière, la fragilité par exemple : il s'émousse facilement. Le fer l'a remplacé avantageusement mais, pendant des milliers d'années, les matériaux et les outils humains sont restés à une échelle centimétrique ou au minimum millimétrique. Depuis peu, il est possible de fabriquer des matériaux en créant des variations à une échelle moléculaire, ce qui est du domaine des nanotechnologies. La maîtrise de la matière à cette échelle du nanomètre (millionième de millimètre) permet pour la première fois d'imiter réellement certains matériaux optimisés par la sélection naturelle chez les organismes vivants.

Actuellement, les technologies humaines résolvent les problèmes en ayant recours à des solutions basées sur l'emploi massif d'énergie, alors que celles trouvées en biologie se basent plutôt sur l'utilisation des structures et du traitement de l'information. Le biomimétisme a donc un bel avenir devant lui. Mais peut-il vraiment tout résoudre ? Trouver par exemple la forme optimale d'une antenne satellite de GPS ? Ce problème, comme bien d'autres, ne s'étant jamais posé dans le monde vivant, on ne pourra y copier directement une solution. En revanche, il est possible de copier le processus même de sélection naturelle, afin de trouver la bonne solution à ce problème, et à bien d'autres.

Copier le processus de la sélection naturelle

Peut-on affirmer qu'une montre a nécessairement été construite par un horloger ? Sans doute, mais à condition

d'être certain qu'elle ne peut se reproduire et faire des petits !
Comme il s'avère que la plupart des montres en sont incapables, l'horloger en est bien le créateur. Leur mécanique
semble complexe au néophyte, mais pour le biologiste, habitué à observer l'organisation des êtres vivants, c'est plutôt
assez simplet. Construire une horloge par sélection naturelle
devrait donc être assez facile. Voilà comment l'on pourrait
procéder.

Les éléments de base sont vite identifiés : roues dentées,
ressort spiral, aiguilles, ancre d'échappement. Le principe
général de fonctionnement d'un mécanisme d'horlogerie est
simple, même s'il y a de nombreuses variantes. Le ressort
spiral, en se détendant, fait tourner une roue dentée, l'ancre
d'échappement impose une rotation saccadée régulière, ce
mouvement régulier étant accéléré ou ralenti par une ou
plusieurs autres roues dentées, dont certaines sont dotées
d'une aiguille. Mais la connaissance de ce principe de fonctionnement est inutile ici. La sélection naturelle ne planifie
rien à l'avance. Sans préconception, partons uniquement
des éléments de base, prenons par exemple plusieurs roues
dentées, quelques aiguilles, un ressort spiral, une ancre
d'échappement et un support ; assemblons-les au hasard et
conservons le résultat. Un seul essai est insuffisant ? Recommençons dix mille fois (c'est bien sûr un programme infor-
matique qui simule ces objets), en assemblant toujours au
hasard les mêmes ingrédients. On obtient ainsi une population de dix mille proto-horloges dont la plupart ne font pas
grand-chose, par exemple du fait de roues dentées se
bloquant mutuellement, du ressort n'étant seulement relié
qu'à une aiguille, etc. Certaines, rares, ont une aiguille
connectée d'un côté au support, et de l'autre à une roue

dentée : cela ressemble à une sorte de pendule, capable d'osciller régulièrement.

La deuxième étape consiste à évaluer la performance de chaque proto-horloge, c'est-à-dire sa capacité à indiquer l'heure sur un cycle de douze heures. À cette étape, le tiers le moins performant est éliminé. Les proto-horloges ressemblant à une pendule (horloges-pendules) sont évidemment plus performantes que celles qui ne font rien du tout et vont survivre à cette sélection. La troisième étape est la reproduction des proto-horloges retenues. Non, il ne s'agit pas de provoquer un enchevêtrement sauvage de ressorts et de rouages (d'ailleurs il n'y a pas d'horloges mâles ou femelles), mais de transmettre les règles d'assemblage. Deux horloges sont prises au hasard, pour produire trois descendants : deux sont des copies exactes d'un de leurs parents, et la troisième est un mélange des deux parents. À ce stade, on introduit de temps en temps une mutation, qui est une modification ponctuelle d'un des éléments. L'opération est recommencée tant qu'il reste des parents ; on se retrouve à la fin avec la nouvelle génération, une autre population de dix mille proto-horloges. Puis chaque horloge de cette nouvelle génération est évaluée, les moins performantes sont éliminées, le reste se reproduit, etc. Qu'obtient-on au fil des générations ?

Rapidement, les horloges-pendules se répandent dans la population et, au bout de quelques dizaines de générations, tous les individus possèdent un pendule qui oscille régulièrement. Ensuite, pendant quelques centaines de générations, plus rien ne se passe, les pendules ne semblant plus évoluer. Des mutations apportent de temps en temps des changements, souvent pour détériorer ce qui existait déjà (la roue dentée, par exemple, se détache de l'aiguille).

L'individu résultant de cette mutation est rapidement éliminé car sa performance est diminuée. D'autres mutations ne changent pas la performance du pendule, et sont neutres, c'est-à-dire qu'elles n'améliorent ni ne détériorent la performance de la proto-horloge (par exemple une autre roue dentée se connecte sur l'aiguille, ou bien une ancre d'échappement se connecte sur le haut de l'aiguille). Ces changements ne sont ni avantagés ni désavantagés, et peuvent rester dans la population pendant un certain temps. Cela crée de nombreux variants dans la population. Puis, à un moment, quelque chose se passe : une mutation fait apparaître par hasard une connexion entre une roue et un ressort, cette roue étant elle-même déjà connectée à l'ancre d'échappement au-dessus du pendule. Cela permet à une roue de tourner régulièrement, par tout petits à-coups : une véritable proto-horloge est apparue. Rapidement, ce type d'horloge envahit toute la population. Il faut encore attendre quelques dizaines de générations avant qu'une autre mutation connecte une aiguille sur cette roue : on a alors une véritable horloge, avec une aiguille indiquant le temps qui passe.

Cette unique aiguille est sans doute trop rapide ou trop lente, mais elle permet tout de même une mesure du temps. Patientons, la reproduction de ces horloges et la mutation continuent de créer de la variation ; à chaque génération, de nouvelles combinaisons sont essayées, des roues dentées s'ajoutent à différents endroits, même si la plupart des nouveaux essais sont éliminés. Tiens, il y a maintenant plusieurs roues connectées à celle qui possède l'aiguille, et l'une d'elles se trouve dotée aussi d'une aiguille. Nous voilà avec une horloge à deux aiguilles, une plus lente que l'autre. Rapidement, ce type d'horloge se répand dans la population du fait de son avantage, puisque la mesure du temps y est plus précise dans ce cas. Quelques milliers de générations plus tard, la population foisonne d'horloges véritables ; la plupart ont trois aiguilles, la première faisant un tour en une heure, la seconde en deux minutes et la dernière en une seconde. Était-ce inéluctable d'obtenir ce type d'horloge, avec seulement une indication des minutes, des doubles secondes et des fractions de seconde ?

Recommençons toute l'opération depuis le début ; on obtient cette fois-ci une horloge avec quatre aiguilles, chacune indiquant une plage de temps un peu plus familière (douze heures, une heure, une minute, deux secondes). Comparons ces deux horloges, obtenues indépendamment : leur mécanique est différente. L'une possède 14 pièces, l'autre 21, leurs agencements diffèrent complètement. À chaque essai, l'horloge obtenue sera assez précise pour mesurer le temps, mais la façon de le faire, particulièrement les détails de la mécanique interne, va grandement varier.

L'opération semble simple, mais il y a toutefois quelques réglages indispensables. Si la population de départ est trop petite, par exemple seulement 100 horloges, il faudra attendre très longtemps pour obtenir une véritable horloge. Cela provient du fait que le nombre de nouvelles mutations, une des sources de nouveauté, dépend directement du nombre d'individus de la population. Évidemment, le taux de mutation peut alors être augmenté, mais s'il est trop fort, la moindre innovation aura tendance à se dégrader très vite. Le mode de reproduction doit être aussi soigneusement choisi. Faut-il se reproduire tel que l'on est, ou bien se combiner avec un autre individu ? La première possibilité permet de construire, par des petits changements apportés par des mutations avantageuses, une solution de plus en plus performante, mais il n'est pas garanti d'obtenir la solution optimale de cette façon. La deuxième possibilité détruit ce qui existe (chaque parent ne transmet qu'une partie de lui-même), tout en permettant de combiner des solutions différentes, ce qui permet éventuellement de trouver des solutions encore plus efficaces. On le devine, c'est la combinaison de ces deux modes de reproduction qui sera la plus efficace.

L'intérêt de retrouver le principe du fonctionnement d'une horloge est assez limité, nos horlogers en connaissant déjà toutes les astuces. Mais cette méthode peut évidemment s'appliquer à des problèmes plus complexes, même ceux pour lesquels les ingénieurs se grattent la tête. Voyons-en juste quelques-uns, parmi une liste qui maintenant s'allonge démesurément, dans tous les domaines.

Certaines surdités peuvent se surmonter par un implant cochléaire. Il s'agit, à partir d'un petit micro installé derrière l'oreille, d'envoyer un signal à de nombreuses électrodes (jusqu'à 22) implantées dans la cochlée. Mais, afin que l'audition soit correcte, la tension électrique et l'enchaînement de ces signaux pour chaque électrode doivent être réglés différemment pour chaque individu. Au bout de dix ans de réglages manuels infructueux, un patient s'est soumis à une méthode de réglage basée sur la sélection naturelle. En un jour et demi, le réglage optimal était trouvé, mais cela n'a rien de miraculeux. Il y a des centaines de paramètres à régler dans un implant cochléaire, et le critère de sélection est la compréhension du patient. Il suffit de proposer, à partir des réglages antérieurs, de la variation (petit changement pour un paramètre), de la sélection (les réglages permettant une meilleure compréhension sont retenus) et de la repro duction (chaque réglage retenu transmet tout ou une partie de ses paramètres), pour que l'ensemble converge vers le réglage optimal.

Votre antenne est déréglée ? Inutile d'être diplômé pour la réparer, quelques tâtonnements suffisent : la voilà repositionnée et la réception redevenue acceptable. Mais pour concevoir une antenne, il faut en revanche posséder les bases théoriques de l'électromagnétisme. Encore cela ne garantit-il pas de trouver l'antenne optimale pour une situation précise, car les calculs sont compliqués et souvent insurmontables. Mais le contraire est facile : à partir d'une antenne donnée, il est aisé de calculer sa performance pour une fonction voulue. C'est ce critère que retient la sélection naturelle pour faire un tri : il suffit de partir d'une population d'antennes générées au hasard, d'évaluer la performance de chacune, de faire se reproduire les meilleures, et de recommencer pendant plusieurs générations. Cela donne parfois des résultats inattendus comme une antenne d'une forme bizarre, mais bigrement efficace, comme nous le dit son inventeur : « Cette antenne biscornue montre la pleine puissance des algorithmes génétiques [méthode de sélection naturelle], non seulement pour trouver une solution optimale à un problème, mais aussi pour créer de nouvelles solutions sans l'aide d'ingénieurs. » La prochaine fois que vous croisez un satellite, observez son antenne GPS : aucun ingénieur n'était capable de la concevoir sans l'aide de la sélection naturelle.

Quel est le plus court circuit pour relier cinq villes différentes ? Comme il y a vingt-quatre chemins possibles entre cinq points, il est facile de les évaluer tous et donc de trouver le plus court. Et entre vingt-cinq villes ? Là, les choses se compliquent, car le nombre de possibilités fait un bond gigantesque : en considérant qu'il faut une seconde pour évaluer 10 millions de chemins possibles, il faudrait presque 2 milliards d'années pour les évaluer tous. Nous voilà confrontés au célèbre problème du « voyageur de commerce », simple dans son énoncé, redoutable dans sa difficulté. Avec un ordinateur très puissant, quelques astuces mathématiques et beaucoup de temps, il est possible de trouver le chemin le plus court pour quelques centaines de villes, et même plus. Mais, en utilisant la sélection naturelle, on peut trouver une solution acceptable rapidement. Il suffit de générer tout un ensemble de chemins au hasard, de calculer la longueur de chacun, et de ne faire se reproduire que les plus courts. On obtient alors la génération suivante, composée de chemins ressemblant à leurs parents, au moins pour certains bouts, avec des mutations changeant localement certains trajets. La sélection s'applique de nouveau, et ainsi de suite. Rapidement, une solution acceptable est trouvée. Ce ne sera pas nécessairement la plus courte, mais elle n'en sera pas bien loin.

Quelques autres exemples de recherche de solutions complexes : l'optimisation d'un moteur à ions pour les missions spatiales (après 100 générations de sélection naturelle émerge une forme optimale de grille électrostatique permettant de doubler la durée de vie du moteur) ; l'optimisation d'un implant stimulateur de certains groupes de neurones afin de contrôler l'épilepsie et la maladie de Parkinson (après 10 000 générations, le signal électrique obtenu permet une meilleure stimulation neuronale et une plus grande économie d'énergie) ; l'apprentissage d'un robot pour se déplacer de la façon la plus efficace, avec la possibilité de faire évoluer aussi les membres (par sélection, un comportement de déplacement particulièrement stable apparaît à l'aide de membres ayant également évolué) ; l'optimisation de la lecture et l'écriture de clés USB (par sélection naturelle, la meilleure combinaison de tension à appliquer pour la lecture et l'écriture permet d'allonger de 30 fois sa durée de vie, actuellement encore limitée à 10 000 réécritures).

L'augmentation de la puissance des ordinateurs permet aujourd'hui, grâce à l'imitation de la sélection naturelle, d'espérer trouver des solutions optimales – et parfois originales et inattendues – à des problèmes réputés difficiles. Il est nécessaire de pouvoir générer une diversité colossale et de se donner les moyens de trier astucieusement. Mais sans ordinateur pour simuler des populations d'objets, l'ingénieur aura du mal à imiter la sélection naturelle. Le chimiste ou le biologiste travaillant avec l'ADN peut trouver des astuces, et il lui arrive d'utiliser la sélection naturelle afin de trouver des molécules ayant des propriétés voulues. En tout cas, nul besoin d'ordinateur pour l'amélioration des espèces, nous dit l'agronome. Il suffit de trier les individus et de contrôler leur reproduction, la direction de la sélection étant alors donnée. C'est tout l'art des sélectionneurs de variétés végétales et de races animales.

Détourner le vivant à ses risques et périls : la sélection dirigée des espèces

En 1970, un biologiste russe capture des rats et crée deux populations de laboratoire. Dans la première, il ne permet qu'aux individus les plus calmes de se reproduire. Pour cela, il réalise le test d'approche de la main : les rats qui mordent le moins sont retenus. Dans la seconde population, ce sont les individus les plus violemment agressifs qui fondent la génération suivante. Au bout de 30 générations, les rats de la première population sont complètement domestiqués, on peut les prendre dans les mains et même les confier à des enfants pour jouer. Quant à la deuxième population, le test d'approche de la main se fait obligatoirement avec un gant en cotte de maille, avec des précautions spéciales dès l'ouverture de la cage. D'ailleurs, un visiteur s'en souvient encore : « Ils sont si agressifs que j'ai l'impression que dix ou vingt d'entre eux me tueraient certainement s'ils pouvaient sortir de leur cage. » Ce genre de sélection est réalisé afin d'étudier les différences génétiques entre les deux populations, et ainsi mieux comprendre les liens entre les gènes et les comportements.

Il est ainsi facile de sélectionner des renards familiers qui aboient comme des chiens, et il est aussi possible de sélectionner des mouches mémorisant mieux, ou bien dotées d'ailes de forme ou de taille différente, ou encore des bactéries résistant à des températures élevées. La sélection pour une durée de vie plus longue se fait aisément, de même, on l'a vu, que pour une résistance aux radiations ionisantes. On trouve facilement, dans les instituts de recherche de par le monde, des mouches de laboratoire (la célèbre drosophile) sélectionnées pour être asymétriques latéralement, de petite ou de grosse taille, pour pondre des petits ou des gros œufs, pour avoir des larves qui se développent rapidement, pour avoir plus de poils sur l'abdomen, pour voler plus vite, pour être plus résistantes au jeûne, à la dessiccation, aux vapeurs de solvant, à la température, au manque d'oxygène, aux insecticides ou à l'humidité : apparemment, tout y est passé.

La sélection a aussi été appliquée à nos animaux et plantes domestiques. Dans un premier temps, cette sélection n'était pas un geste conscient, c'est-à-dire réalisé en vue d'un but précis. Par exemple, les animaux les moins agressifs avaient plus de chances d'être approchés et donc retenus pour être reproduits, ce qui a conduit d'emblée à une sélection pour des animaux moins agressifs, voire paisibles comme des moutons. Il en va de même pour les plantes : les épis récoltés étaient ceux dont les graines, une fois mûres, ne tombaient pas tout de suite. Une plante conservant à maturité son épi complet un peu plus longtemps a plus de chances que ses graines soient présentes dans les semences de l'année suivante. Ce trait a donc été sélectionné dans l'environnement agricole créé par l'homme sans qu'il y ait un but conscient. Le résultat actuel est remarquable : les graines ne se détachent plus d'un épi de blé ni de maïs, caractère rarissime dans les espèces non domestiquées.

Puis, peu à peu, la sélection s'est effectuée en fonction d'un but particulier. Cela a pu se faire sans que l'on sache vraiment comment les caractères se transmettent d'une génération à l'autre. Évidemment, la connaissance des lois de l'hérédité (début du XXe siècle) a permis d'optimiser le choix des individus autorisés à se reproduire, ce qui a accéléré le processus de sélection. Mais, sans ce savoir, l'homme avait déjà pu réaliser des sélections ayant un but précis : dès qu'il y a transmission, la sélection reste possible. D'ailleurs, Darwin lui-même ignorait les lois de l'hérédité, ce qui ne l'a pas empêché de proposer le mécanisme même de sélection naturelle. Quelques observations faciles à réaliser permettent d'acquérir des connaissances empiriques sur la transmission des caractères. Tout d'abord, il est bien connu que les vaches ne donnent naissance qu'à des veaux, les brebis qu'à des agneaux, etc. Ensuite, on trouve plus souvent des chiots noirs lorsque les parents sont noirs, et une anomalie d'un parent peut se retrouver facilement chez un des descendants : la ressemblance entre parents et enfants fait partie du savoir populaire. Ceux qui élevaient des animaux ou cultivaient des plantes sur plusieurs générations, même si leurs connaissances de l'hérédité étaient parfois très approximatives, possédaient un savoir empirique bien suffisant pour diriger consciemment une sélection. Aujourd'hui la science est passée par là, et continue à sélectionner de façon encore plus efficace, dans des directions imposées par certaines contraintes modernes.

Le résultat de tout cela est bien visible dans les champs, les prés, les étables, les bergeries, les poulaillers, les porcheries, mais aussi dans les silos et les abattoirs. Et finalement dans nos assiettes. Mais, on l'a déjà vu, la sélection sur un trait occasionne souvent la modification d'autres traits, du fait des liens qui existent entre eux. Par exemple, le cerveau du chien est plus petit que celui du loup, à taille du corps égale. Celui de la vache est aussi plus petit que celui de l'aurochs, son ancêtre. De même pour le cochon et le mouton : en fait, tous les animaux domestiques ont un cerveau plus petit que leur ancêtre libre. Il n'y a pas eu de sélection directe pour un cerveau plus petit. Mais en offrant à ces animaux une vie sans prédateur, socialement simplifiée et avec une nourriture qui apparaît dès que l'on bêle (ou meugle), le besoin d'un gros cerveau a perdu de sa pertinence. Les individus avec un cerveau réduit furent avantagés, car cet organe est physiologiquement coûteux à construire, entretenir et faire fonctionner, et ils se reproduisirent davantage. Mais bien d'autres traits furent affectés par la domestication. La capacité à croître rapidement ou à produire d'énormes quantités de lait est un avantage dans les élevages bovins modernes, même si cela entraîne une baisse de longévité. Une grande espérance de vie n'est pas une caractéristique très courue dans les étables actuelles : une vache moderne ne survit plus (en moyenne) à sa quatrième grossesse, et chaque mise bas doit être humainement assistée sous peine d'être mortelle. La baisse de fertilité des vaches grosses productrices devient toutefois un problème alarmant, et les sélectionneurs commencent à s'inquiéter. (« Inverser cet implacable déclin de fertilité, tout en maintenant une forte production, ne va pas être facile », écrit l'un d'eux.) Les vaches de race traditionnelle sont plus sereines : elles produisent certes moins de lait ou de viande, mais se reproduisent aisément une bonne dizaine de fois (en moyenne) et mettent bas plus facilement.

Si les vaches des races fortement sélectionnées ont leurs problèmes, il en est généralement de même pour toutes les sélections très fortes. On a déjà vu que les moustiques récemment sélectionnés pour leur résistante aux insecticides sont plutôt mal conformés. Les mouches sélectionnées pour les poils sur leur abdomen ont des problèmes de mortalité. Celles sélectionnées pour un développement larvaire rapide ont un poids adulte plus faible et les femelles montrent une baisse importante de fécondité. Cela provient du fait que tout facteur qui améliore le trait sélectionné est retenu, même si par ailleurs (et par hasard) cela occasionne quelques défauts. Ce n'est que dans un deuxième temps que la compensation de ces défauts pourra à son tour être sélectionnée : ainsi se construit une adaptation, en plusieurs étapes.

En domestiquant des plantes par sélection naturelle, l'homme a aussi sélectionné indirectement quelques espèces indésirables. Les coquelicots pouvant survivre au labour, germer juste après le blé, et capables de faire mûrir et tomber leurs graines avant la moisson avaient un avantage car leurs descendants se retrouvaient en plus grand nombre dans le champ l'année suivante. Ces traits se sont peu à peu répandus dans les populations de coquelicots. L'agriculteur, sans le savoir, exerce une sélection pour une adaptation au régime agricole. Le coquelicot n'a pas été la seule espèce à s'être adaptée à cet environnement très particulier : le bleuet a fait de même, ainsi que la matricaire et bien d'autres. Et le même scénario s'est répété, avec des espèces différentes, dans les différents endroits où l'homme a domestiqué des plantes. Évidemment, l'histoire ne s'arrête pas là, car ces plantes indésirables ont été traitées aux herbicides, ce qui a alors avantagé les variants résistants. Comme on peut s'y attendre, la plupart des « mauvaises herbes » sont maintenant résistantes aux herbicides utilisés.

Depuis le début de la domestication des plantes, l'agriculteur garde une partie de la récolte de graines afin de les semer l'année suivante. La sélection agricole favorise les individus de blé les mieux adaptés aux conditions locales : celui qui produit le plus de graines dans le champ même où ses parents ont poussé, a plus de chances de produire aussi lui-même des graines qui se retrouveront dans les mains du semeur. Au bout de quelques siècles, on se retrouve avec de très nombreuses variétés de blés en Europe, chacune adaptée aux conditions locales. Quelques échanges régionaux de temps en temps, comme cela se pratiquait autrefois, permettent une sélection locale encore plus optimale. Mais ce temps où l'agriculteur prélevait ses semences sur sa récolte est maintenant révolu : les semences sont désormais produites par des firmes spécialisées. Fini l'adaptation locale et la diversité dans les champs. Ces changements, motivés par les gains financiers, ont permis de jouer aux apprentis sorciers. En 1970, 80 % de la récolte de maïs de l'ensemble des États-Unis ont été ravagés par une maladie causée par un champignon : toutes les semences provenaient de la même origine, créant d'emblée une situation de fragilité facile à exploiter par un pathogène opportuniste (ou qui devient opportuniste par sélection naturelle).

Les variétés actuelles que l'on rencontre dans nos champs sont certes plus productives que celles d'antan, mais elles sont aussi plus fragiles, se défendent moins bien contre les compétiteurs et les pathogènes, et nécessitent de nombreux traitements phytosanitaires, inutiles auparavant. La sélection naturelle opère toujours, mais elle ne passe plus directement par le champ du cultivateur, dont la récolte est désormais vendue en totalité. D'ailleurs, s'il garde quelques épis de maïs pour en semer les graines, il n'obtiendra que des plantes rachitiques : le système des variétés hybrides mis au point pour certaines plantes ne permet plus à l'agriculteur d'utiliser ses propres semences. Pour la première fois depuis le néolithique, l'agriculteur a perdu le contrôle de ce qu'il sème. Les véritables opérateurs sont maintenant les industries de sélection des semences et les firmes phytosanitaires, qui ont leurs propres motivations et intérêts. Le contrôle du processus de sélection des plantes cultivées et des animaux d'élevage est un enjeu important, les industriels l'ont bien compris. Leurs intérêts n'étant pas les mêmes que ceux du consommateur, il n'est pas sûr que celui-ci y ait gagné quelque chose.

On le voit, les applications de la sélection naturelle sont nombreuses, et vont l'être plus encore dans le futur. Comprendre que la sélection naturelle est aussi à l'œuvre pour les autres espèces, particulièrement celles que l'on désire éliminer ou contrôler, est fondamental pour ne pas répéter les erreurs déjà commises. La maîtrise des grands enjeux agricoles et sanitaires passera nécessairement par la prise en compte du processus de sélection naturelle à tous les niveaux. Mais, au fait, qu'en est-il de l'espèce qui nous concerne en premier lieu, la nôtre ? L'homme est-il encore soumis à la sélection naturelle ?

CHAPITRE 5

L'homme est-il encore soumis à la sélection naturelle ?

Le Sherpa et le Pygmée, ou l'effet des adaptations locales

Encore un effort, vous y êtes presque ! Encore une pause, reprenez votre souffle et vous voilà arrivé au bout de la pénible ascension ! Maintenant, vous pouvez contempler le petit raidillon dont la montée vous a complètement épuisé. Non, vous n'êtes ni malade ni trop vieux. Seulement, vous êtes en haute altitude et le manque d'oxygène vous a terrassé. Des Sherpas vous saluent et, d'un pas décidé, continuent à grimper. Comment font-ils ? Certes, ils sont nés en altitude et on sait qu'il est possible de s'acclimater progressivement à une diminution de la pression atmosphérique – et donc de l'oxygène – comme font les alpinistes. Cette acclimatation, toutefois, demeure incomplète, imparfaite surtout. En réponse à la faible quantité d'oxygène, et afin de maintenir le même flux d'oxygène vers les cellules du corps, le nombre de cellules rouges augmente, d'où un risque accru d'embolie. L'Everest est d'ailleurs jonché de cadavres d'alpinistes ayant succombé au mal des montagnes. Les Sherpas, eux, ne sont pas affectés par une augmentation du nombre de globules rouges liée à l'altitude. Ils possèdent un facteur génétique particulier qui la prévient, ainsi que d'autres gènes d'adaptation à l'altitude.

Étant génétiquement adaptés à la vie en haute montagne, il n'y a rien d'étonnant à ce qu'ils détiennent le record de vitesse d'escalade de l'Everest. Il est peu probable qu'une personne d'origine européenne fasse mieux, quel que soit son entraînement en la matière, à moins que la médecine occidentale ne réalise des progrès considérables dans la compréhension de l'adaptation à l'altitude. En revanche, on trouverait un concurrent beaucoup plus sérieux dans une personne d'origine andine ou éthiopienne. Dans l'histoire humaine, trois peuplements se sont déroulés sur des terres de haute altitude : au Tibet, dans les Andes et en Éthiopie. Dans les trois cas s'est développée une adaptation à l'altitude. Curieusement, ces trois adaptations se sont faites de manière assez différente dans les détails physiologiques, ce qui montre qu'il existe plusieurs moyens de développer une résistance à la faible pression atmosphérique. Dans tous les cas, cependant, dans une première phase, les individus les mieux adaptés survivaient plus longtemps et se reproduisaient davantage que les autres. Actuellement, on peut encore observer au Tibet cette reproduction différentielle en fonction de la résistance à l'altitude ; d'où il ressort que le processus de sélection naturelle concernant ce caractère est toujours en cours. Mais ce n'est pas là le seul exemple d'adaptation à un environnement particulier.

En provenance du Nord-Est asiatique, les premiers hommes à fouler le sol américain, il y a 12 000 à 15 000 ans, avaient certainement la peau claire. Leurs descendants ont peu à peu colonisé toute l'Amérique, du nord au sud, en quelques centaines de générations. Du pôle à l'équateur, la quantité d'ultraviolets va en augmentant, son principal effet négatif étant de détruire les folates, nécessaires en particulier à la croissance normale de l'embryon. Durant la colonisation vers le sud, les individus ayant la peau la plus foncée, mieux protégés des ultraviolets, se reproduisirent davantage. D'où la variation, que l'on observe actuellement, de peaux de plus en plus foncées en allant du nord de l'Amérique jusqu'en Amérique centrale. Mais, une fois la vague migratoire parvenue de l'autre côté de l'équateur, on assista à une sélection contraire : en descendant vers le sud furent avantagés les individus à la peau plus claire, car une trop forte protection contre les UV entraîne une déficience en vitamine D. Il en est résulté une variation continue, avec des peaux de plus en plus claires de l'Amérique centrale à la Patagonie.

Certes, les Amérindiens de l'équateur sont moins foncés que les Africains vivant à la même latitude ; la colonisation de l'Amérique (par les Amérindiens) serait-elle trop récente pour que se soit produit un bon ajustement entre la couleur de la peau et la quantité d'ultraviolets ? Probablement pas, car la quantité d'UV est plus forte en Afrique qu'en Amérique. Globalement, dans chaque région du monde, la quantité d'ultraviolets permet de prédire correctement la couleur de la peau des populations locales. Ainsi pour l'homme de Neandertal : ayant occupé l'Europe pendant plusieurs centaines de milliers d'années, il avait la peau blanche, ce que les analyses génétiques confirment. La prédiction est moins assurée, évidemment, pour les colonisations plus récentes, la sélection naturelle n'ayant pas eu le temps d'opérer complètement. Sans oublier le rôle des pratiques culturelles (alimentaires ou médicales) dont l'influence peut modifier la sélection pour ceux qui n'ont pas la couleur de peau adéquate par rapport à l'endroit où ils vivent. Les Inuits, par exemple, avec leur peau trop foncée par rapport à la quantité d'ultraviolets de leur environnement, auraient souffert d'une déficience sans leur alimentation riche en vitamine D.

Lequel, du loup des régions arctiques ou du loup du sud de l'Europe, est le plus grand ou le plus lourd ? Sans être un spécialiste, vous pouvez parier sur l'individu nordique : pour la grande majorité des espèces de mammifères, les individus vivant dans les régions froides sont plus grands. La même règle de variation de taille vaut pour d'autres animaux à sang chaud (comme les oiseaux) ; elle s'explique essentiellement par une adaptation au froid (une grande taille permet de mieux résister au froid). L'espèce humaine n'échappe pas à la règle, les anthropologues l'ont bien remarqué : « Globalement, les populations humaines occupant les régions froides sont plus lourdes et ont une poitrine plus large, des extrémités relativement plus courtes, et une surface corporelle par unité de poids plus faible que les habitants des tropiques. » Mais il y a davantage que des adaptations morphologiques : les Inuits, par exemple, sont moins sensibles à la douleur induite par le froid et leurs mains se réchauffent plus vite. La répartition de leurs glandes sudoripares est particulière : rares sur tout le corps, elles se concentrent essentiellement sur le visage. L'excès de chaleur induit par l'exercice physique se dissipe ainsi de façon plus efficace, compte tenu de l'isolation thermique fournie par les vêtements traditionnels.

La vie dans la forêt, quant à elle, entraîne la sélection d'une plus petite taille. Cela s'est produit à diverses reprises, dans des lieux différents : on trouve des Pygmées en Afrique équatoriale, en Asie du Sud-Est et en Australie ; la répétition d'un même phénomène est bien le signe d'un caractère sélectionné. Mais pourquoi une petite taille est-elle avantageuse en forêt ? Cela n'a sans doute rien à voir avec l'environnement physique (on a beaucoup spéculé à ce propos), et les recherches actuelles s'orientent vers un compromis entre développement, reproduction et mortalité. Dans le milieu hostile de la forêt, la mortalité est forte, ce qui favorise une reproduction plus précoce ; avec un développement raccourci, on atteint plus rapidement l'âge de première reproduction. La réduction de la taille serait donc la conséquence d'une sélection en vue d'une reproduction plus précoce. Ce n'est donc pas la forêt elle-même qui exercerait la sélection, mais le milieu de vie dangereux. Cela demeure une hypothèse, car ces dernières recherches ont été récemment critiquées ; ainsi va la science. La raison exacte de la taille réduite des Pygmées reste donc encore à découvrir.

Trop tard : un moustique vient de vous piquer... Le voilà maintenant sur le mur de la chambre, l'abdomen rempli de votre sang. Le corps incliné, les pattes arrière rangées dans le prolongement du corps : pas de doute, il s'agit d'un moustique du genre anophèle, de ceux qui transmettent la malaria. En tant que touriste, vous avez moins de chances que les autochtones de posséder une résistance génétique à la malaria. L'histoire a commencé avec l'invention de l'agriculture et de l'élevage, il y a environ 10 000 ans, qui a entraîné l'apparition d'environnements propices au développement des larves de certaines espèces de moustiques et à la transmission de l'agent de la malaria (le *Plasmodium*). Les populations de ces moustiques augmentant, certains comportements permettant une meilleure adaptation à l'environnement humain ont été sélectionnés. Les différentes formes de malaria transmises par les moustiques firent alors des ravages dans certaines populations humaines. Chez l'homme, tout changement génétique diminuant l'impact du *Plasmodium* procure un avantage et, par sélection naturelle, il augmente en fréquence. Au moins cinq gènes actuellement connus diminuent l'impact de la malaria ; ils sont présents dans les régions traditionnellement impaludées, comme le pourtour de la Méditerranée et l'Afrique. La résistance à la malaria ne constitue pas le seul cas d'adaptation à des parasites. Étant donné l'impact important des maladies parasitaires, il n'est pas étonnant de trouver des gènes de résistance dans les régions les plus touchées.

Si vous demandez à un Foré de Papouasie-Nouvelle-Guinée pourquoi il a mangé son père, il vous regardera avec des yeux étonnés et vous répondra : « Parce qu'il est mort. » Suite à un décès familial, c'était effectivement une coutume locale de consommer, en partie, le corps du défunt. En particulier, sa cervelle. Habitude culinaire aux fâcheuses conséquences, celle, en particulier, de transmettre une maladie neurovégétative mortelle, le kuru. Après avoir consommé le cerveau d'un parent, il faut cependant quelques années avant que la maladie ne se déclare. D'où la difficulté de relier la consommation du cerveau au développement de la maladie : ce qui explique pourquoi cette pratique anthropophage a perduré pendant des siècles, et pourquoi le kuru a fait tant de ravages, essentiellement parmi les femmes et les enfants. Cette longue et forte exposition à un facteur réduisant la reproduction favorise la sélection d'un variant résistant. En effet, au moment où furent interdites les pratiques anthropophages (par le fait de la colonisation), une moitié de la population exposée à cette maladie était déjà génétiquement résistante au kuru.

L'adaptation alimentaire des Forés de Papouasie-Nouvelle-Guinée peut sembler curieuse (un gène de résistance à la maladie acquis par anthropophagie); mais tout aussi étonnantes sont, en fait, les adaptations alimentaires des autres groupes humains. Nous avons déjà évoqué la consommation de lait après le sevrage, pratique associée au gène de tolérance au lactose. L'habitude de consommer des grains de blé (ou de riz, de sorgho, de maïs, selon les régions), riches en amidon, est associée à une amplification des gènes codant une enzyme qui réduit cet amidon en composés plus petits. Là ou le piment règne dans la cuisine, la plupart des individus sont porteurs du gène de tolérance à la capsaïcine, composé pimenté qui enflamme la bouche de ceux qui ne sont pas adaptés à cet aliment. Les Japonais sont particulièrement bien équipés pour consommer leurs plats préférés : leurs bactéries intestinales ont incorporé des gènes, provenant de bactéries marines, capables de digérer des composés spécifiques d'algues utilisées dans la fabrication traditionnelle des sushis. Lorsqu'une plante domestiquée, comme le blé ou le soja, contient des composés secondaires plus ou moins toxiques, on peut soupçonner l'existence d'une adaptation de la part de ceux qui en consomment depuis des millénaires. C'est pourquoi, dans l'ignorance des adaptations locales, la mondialisation alimentaire crée certainement des problèmes de santé. Mais ce lien entre alimentation et santé est une autre histoire…

On pourrait multiplier les exemples d'adaptation locale dans l'espèce humaine. Oui, les groupes humains sont génétiquement différents, et certaines de ces différences sont adaptatives. Sujet encore politiquement incorrect, malgré les récents progrès des études génomiques, qui apportent des confirmations de plus en plus étayées. Il importe d'ailleurs de prendre en compte ces différences génétiques dans le but, par exemple, d'adapter la pratique médicale aux spécificités rencontrées dans les différents groupes ethniques.

La médecine supprime-t-elle la sélection naturelle ?

Dans un pays fortement touché par le sida, il y a avantage à être résistant à ce virus. Cela permet de vivre bien plus longtemps et de se reproduire davantage. On s'attend même à ce qu'en quelques siècles, par sélection naturelle, cette résistance se répande dans la population. Mais il n'est pas sûr que cela se produise, bien que des gènes de résistance au sida soient déjà connus. La médecine occidentale a concocté des thérapies efficaces contre le virus du sida ; même s'il n'y a pas élimination complète du virus lors d'un traitement (avec, par exemple, la fameuse trithérapie), cela retarde considérablement le déclenchement des symptômes. Dans ces conditions, l'avantage reproductif d'un individu résistant par rapport à un individu sensible devient faible. Et cet avantage va probablement s'annuler avec la prochaine génération d'antiviraux.

Ainsi, la médecine tend à diminuer l'effet de la sélection naturelle dans la résistance aux maladies parasitaires. Par exemple, la vaccination permet d'immuniser un individu avant qu'il ne soit véritablement en contact avec le parasite, ce qui, en effet, le rend résistant audit parasite. C'est ainsi que les vaccins nous ont permis d'oublier ce que sont tétanos, poliomyélite et diphtérie. Il convient seulement de refaire cette vaccination à chaque nouvelle génération ; car, contrairement au gène de résistance, l'effet n'en est pas transmis des parents aux enfants. Cependant, si la campagne de vaccination est générale, et si le parasite est uniquement inféodé à l'homme, on peut alors envisager l'éradication du parasite, comme pour le virus de la variole.

Quelle est donc cette maladie qu'« on guérit facilement par le mercure quand le médecin sait l'administrer mais [qui] devient mortelle quand le patient tombe entre de mauvaises mains » ? Du temps de Casanova, la syphilis n'était pas une mince affaire ; pour retrouver un état décent – grâce à un bon médecin, nous dit-il –, de longues semaines étaient nécessaires. De nos jours, les antibiotiques permettent d'éliminer rapidement une bactérie envahissante et de guérir ainsi nombre de personnes qui, sans traitement, seraient peut-être mortes. D'autres maladies, auparavant assez graves, tuberculose, scarlatine, peste ou choléra, sont devenues bénignes. Dans les pays disposant d'une médecine occidentale, ces bactéries n'entraînent plus de mortalité différentielle en fonction de gènes de résistance. Mais les conséquences s'avèrent indésirables : l'usage massif d'antibiotiques contre les bactéries entraîne de fortes sélections avantageant les bactéries résistantes (voir chapitre 1). Certaines, comme le staphylocoque doré, résistent désormais à tous les antibiotiques utilisés : la sélection naturelle pour résister à cette bactérie va donc reprendre.

La pratique de la vaccination a aussi des conséquences moins évidentes. Par exemple, le vaccin mis au point par les Occidentaux contre la fièvre jaune, maladie inconnue en dehors des tropiques. En Afrique noire, on trouve difficilement un autochtone vacciné contre la fièvre jaune, alors que touristes et expatriés le sont tous. Lors de la construction du canal de Panama, les Français ont dû battre en retraite, laissant sur place de nombreux morts : le virus de la fièvre jaune (on ne connaissait pas encore de vaccin) était un rempart contre la colonisation. La vaccination permit aux Occidentaux d'envahir des régions où pullulaient des parasites auxquels ils ne présentaient aucune adaptation. La prophylaxie antimalaria procède du même esprit. Si vous êtes d'origine européenne et que l'on vous propose d'aller quelques mois au Cameroun (un des pays au monde où l'on trouve le plus de maladies parasitaires), ou dans tout autre pays de l'Afrique équatoriale, sans vaccination, sans antibiotique, sans antipaludéen d'aucune sorte, et sans la panoplie de la médecine européenne, la prudence exige alors que vous fassiez votre testament, votre retour étant incertain. Bien sûr, l'autochtone, lui, est mieux équipé génétiquement : on connaît plusieurs gènes de résistance à la malaria, ainsi qu'à d'autres maladies parasitaires. La vaccination – et les mesures antiparasitaires en général – diminue, chez l'homme, la sélection de facteurs de résistance et favorise en même temps la colonisation de pays protégés par des parasites virulents.

Plantez des graines de tomate, arrosez et observez : une plante se développe, mais n'oubliez pas de mettre un tuteur, car elle ne tient pas debout. Lorsque le fruit grossit, la plante s'écroule sous son propre poids si elle n'est pas soutenue. L'ancêtre des variétés cultivées donne des fruits bien plus petits et n'a pas besoin de tuteur. En sélectionnant des fruits de plus en plus gros, on aurait pu sélectionner aussi des plantes plus solides, mais elles auraient poussé plus lentement, ou la production aurait été moindre. Avec un tuteur, on peut sélectionner de gros fruits poussant rapidement sur une plante globalement fragile. Pour leur reproduction, les variétés actuelles de tomates dépendent des tuteurs.

Il est tout à fait remarquable que l'homme soit le seul animal nécessitant une aide sociale pour accoucher. Dans toutes les cultures connues, il existe des sages-femmes, souvent remplacées, dans le monde occidental ou occidentalisé, par des médecins obstétriciens. Sans une aide, les risques de mortalité sont très élevés pour la mère et pour l'enfant. Il s'agit probablement d'une situation récente à l'échelle de l'évolution, car elle n'existe pour aucun des grands singes. Chez les gorilles et les chimpanzés, le bébé est d'une taille bien inférieure à celle de l'ouverture des os du bassin ; l'accouchement est individuel et rapide. On sait que chez l'homme une taille plus grande à la naissance représente un avantage considérable : meilleure survie infantile, meilleure résistance aux maladies ; une fois l'âge adulte atteint, cela influe aussi sur le taux des hormones impliquées dans la reproduction et diminue même les risques d'hypertension, de diabète, d'attaque cardiaque, etc. Ainsi, dans la lignée humaine, une grande taille à la naissance ne pouvait pas être sélectionnée tant que cela provoquait un accouchement difficile et risqué. Une aide sociale minimale pouvait diminuer ce risque, prodiguée par des femmes, les premières sages-femmes.

L'avantage d'une plus grande taille à la naissance s'est alors répandu dans la population, par sélection naturelle (meilleure survie, davantage d'enfants en moyenne, lesquels présentent eux-mêmes une taille plus grande à la naissance). De façon concomitante, la pratique sociale d'aide à l'accouchement devint traditionnelle et se transmit. Le processus pourrait d'ailleurs se poursuivre avec un perfectionnement des techniques d'aide des sages-femmes, permettant d'accoucher de bébés encore plus gros. Le processus s'arrête lorsque la grosseur du bébé induit des risques à l'accouchement, risques que les sages-femmes ne peuvent plus diminuer. La sage-femme est en mesure de redresser *in utero* un bébé qui se présente mal et d'assister efficacement à toute l'opération. Elle peut conseiller, si nécessaire, des décoctions de plantes accélérant le travail et prodiguer toutes sortes de soins pratiques. On peut donc voir les sages-femmes comme détentrices d'une pratique médicale ancestrale ayant modifié les effets sélectifs sur la taille du bébé à la naissance. Mais l'histoire ne s'arrête pas là.

De nos jours, ce ne sont plus les sages-femmes qui aident la parturiente ; les médecins les ont remplacées, modifiant ainsi toute la pratique de l'accouchement. Avec une nouveauté : la médecine occidentale peut, sans risque pour la mère, pratiquer des césariennes et, par là, supprimer toute limite à la taille du bébé. En 2007 sur l'ensemble des États-Unis, 32 % des accouchements sont réalisés par césarienne, soit une augmentation de 54 % en l'espace de onze ans. Avec une telle fréquence d'accouchement par césarienne, va-t-on observer encore une augmentation de la taille des bébés ? Si le fait d'avoir une grande taille à la naissance est encore un avantage dans nos sociétés (cela reste à démontrer), alors la pratique de plus en plus fréquente de césariennes pourrait mener à des bébés encore plus gros. Un accouchement sans césarienne deviendrait impossible, pour la même raison qui fait qu'un accouchement sans sage-femme (ou, maintenant, sans aide médicale) est devenu risqué dans la lignée humaine. Comme on voit, la médecine n'a pas supprimé ici la sélection naturelle, elle l'a juste modifiée. Le fait que la femme de Neandertal avait également besoin d'une aide sociale pour accoucher plaide en faveur d'une origine très ancienne des pratiques sociales obstétriques, à moins que cela ne se soit produit de façon indépendante à plusieurs reprises (nous sommes des cousins de Neandertal, non des descendants directs). Quoi qu'il en soit, depuis la proto-obstétrique jusqu'à la médecine moderne, en passant par le savoir des sages-femmes, les pratiques médicales ont changé l'évolution biologique de la lignée humaine, et peut-être continuent-elles de le faire. Ce genre de modification n'est pas rare, car la femme enceinte a autant besoin d'une sage-femme (ou d'un médecin) pour accoucher que la tomate d'un tuteur pour mûrir. À ceci près que la femme, elle, obtient une aide de sa propre espèce.

La médecine réduit-elle la sélection qui s'exerce sur la longévité ? Les progrès de la médecine ont joué un rôle dans l'augmentation de l'espérance de vie tout au long du XXe siècle, principalement par le développement de la vaccination et l'usage des antibiotiques, d'où une réduction drastique de la mortalité, en particulier pour les enfants. Mais, par ailleurs, des changements dans le mode de vie ont diminué les contacts parasitaires. Par exemple, la médecine n'est pour rien dans la disparition du paludisme en France, disparition imputable en particulier à des changements dans le mode de vie, comme la généralisation de l'eau courante dans les maisons et une séparation plus grande des habitats entre les animaux d'élevage et les hommes. D'autres changements de société induisent une plus forte mortalité – la circulation automobile par exemple. La médecine traumatique permet de pallier l'augmentation de mortalité qui en résulte, mais ce progrès médical contribue seulement à faire baisser une mortalité qui, auparavant, avait augmenté. Si l'on compare ce qu'elle était avant l'apparition de ce mode de déplacement, la longévité n'a pas vraiment changé. De même, la médecine réduit la mortalité induite par de nombreuses maladies résultant des grands changements sociaux et alimentaires de l'après-guerre. Ainsi, les traitements antiallergiques n'ont été développés que récemment, l'allergie étant pratiquement inconnue avant les années 1950 ; toute la médecine dédiée au traitement de l'obésité s'est développée depuis seulement une trentaine d'années en suivant la vague d'apparition des personnes obèses ; de nos jours, on est plus efficacement traité pour un cancer, mais on a plus de risques qu'auparavant d'en développer un. À part donc l'effet majeur des vaccins et des antibiotiques, la médecine joue un rôle mineur dans l'augmentation actuelle de la longévité moyenne. Cette dernière, d'ailleurs, va probablement diminuer dans les années à venir du fait de l'arrivée à l'âge mûr de la première génération nourrie par les produits de l'industrie agroalimentaire. Et il reste à voir si la médecine sera en mesure de réduire la prochaine vague de problèmes cardio-vasculaires. Quoi qu'il en soit, la pratique médicale tend à allonger l'espérance de vie, même si d'autres paramètres entrent en jeu. Dans le domaine de la gériatrie, la médecine tente de compenser les effets des gènes qui provoquent ou accélèrent la sénescence. Ce qui revient à compenser leurs effets délétères, sans contribuer à contre-sélectionner ces gènes. Même si elle contribue à accroître la longévité, la médecine gériatrique n'opère pas de sélection en vue de facteurs génétiques qui augmenteraient l'espérance de vie.

Vous désirez un enfant avec des yeux bleus et des cheveux bruns légèrement bouclés ? Les progrès médicaux vont permettre (ou permettent déjà) de choisir certains traits, de détecter très tôt les gènes considérés comme indésirables et de ne retenir que les embryons considérés comme adéquats. Cette possibilité de tri ou de modification des embryons selon certains critères revient à introduire une forme de sélection. En favorisant certaines caractéristiques physiques, et en défavorisant des gènes dont on connaît l'implication dans certaines maladies. Cette forme de sélection est un nouvel eugénisme, camouflé sous couverture de progrès médical. Si cette tendance se développe, la médecine sera responsable d'une forte sélection, dont on a du mal à prévoir la direction, et les conséquences.

La médecine tend à affecter la force, et parfois la direction, de la sélection naturelle : elle diminue l'intensité de certains traits et augmente celle d'autres traits. Mais la médecine n'étant en général pas gratuite, n'est pas également accessible pour tout le monde : son effet est donc limité. Certains systèmes sociaux (comme la Sécurité sociale) compensent en partie cette inégalité, mais il n'en existe pas dans tous les pays. La médecine, en fait, est seulement un élément culturel parmi d'autres. Qu'en est-il des autres caractères culturels ?

Quelle est la place de l'évolution culturelle ?

Le philosophe Alain proposait un exemple étonnant de sélection naturelle, agissant sur la forme des bateaux de la pêcherie de Groix au début du XXe siècle. « Tout bateau est copié sur un autre bateau, écrivait-il. Raisonnons là-dessus à la manière de Darwin. Il est clair qu'un bateau très mal fait s'en ira par le fond après une ou deux campagnes, et ainsi ne sera jamais copié. On copiera justement les vieilles coques qui ont résisté à tout. » La transmission de la forme d'un bateau se fait par l'homme, lequel copie un bateau pour en construire un autre. On peut donc considérer que la reproduction d'une forme de bateau dépend de sa bonne tenue en mer. Ainsi, « c'est la mer elle-même qui façonne les bateaux, choisit ceux qui conviennent et détruit les autres. Les bateaux neufs étant copiés sur ceux qui reviennent, de nouveau l'océan choisit, si l'on peut dire, dans cette élite, encore une élite, et ainsi des milliers de fois ». Par ce processus de sélection naturelle, le bateau évolue vers une forme optimale. Bel exemple de l'évolution d'un trait sans intervention d'aucun gène : ici est à l'œuvre un mode de transmission par copiage qui est « un attachement stupide à la coutume », précise Alain. Il s'agit là d'un exemple supposé de sélection naturelle, car Alain n'a pas vraiment observé les bateaux dans le but de vérifier son hypothèse. En revanche, pour les embarcations polynésiennes traditionnelles, il semble bien y avoir une sélection naturelle de ce type s'appliquant aux modalités techniques de construction, l'examen des techniques employées permettant même de reconstituer les grandes migrations océaniques. Pour autant, il ne faudrait pas en déduire que l'homme ne joue qu'un rôle passif dans une telle évolution culturelle.

LA SÉLECTION INDIVIDUELLE

Tout fier de son invention, le premier agriculteur a dû en faire part à sa famille, à ses proches et à tout le village ; en peu de temps, toute la région connaissait la technique agricole. On imagine aisément que ce genre d'innovation culturelle se soit très vite répandu, indépendamment des liens de parenté ou de dominance. Or il n'en est rien. L'agriculture a déferlé comme une vague culturelle originaire du Moyen-Orient, étroitement associée à une vague génétique. Autrement dit, les techniques agricoles ont été transmises en même temps que les gènes de ceux qui les mettaient en pratique. On ne peut donc analyser la diffusion de cette innovation culturelle indépendamment de l'avantage reproductif qu'elle procurait. Tous les gènes des habitants préagricoles n'ont pas été perdus : ceux qui ne sont transmis que par les femmes (l'ADN mitochondrial) subsistent en grand nombre encore, alors que ceux qui ne sont transmis que de père en fils (le chromosome Y) sont devenus rares et ont été remplacés par ceux des agriculteurs. La situation s'explique aisément : les agriculteurs ont monopolisé la reproduction, y compris celle impliquant les femmes des peuples locaux.

D'autres exemples existent d'une supériorité culturelle utilisée comme avantage reproductif. En conquérant toute l'Asie centrale, et grâce à son organisation et à sa force militaire, Gengis Khan (et sa dynastie) a aussi imposé la reproduction de ses gènes, et ce de manière considérable : des analyses montrent la forte fréquence, encore, des copies de son chromosome Y sur de vastes étendues (8 % en moyenne sur une grande partie de l'Asie, 35 % chez les Mongols). Mieux armés que les Amérindiens, les Européens ont fait de même en colonisant l'Amérique : les femmes y ont donné naissance à des enfants de conquistadors, au détriment des hommes autochtones.

En inventant une nouvelle religion le 6 avril 1830, Joseph Smith, le premier mormon, a pris soin d'y incorporer la polygamie et un système hiérarchique strict, ce qui lui permit d'exercer un népotisme dont le résultat est de favoriser sa propre reproduction et celle de ses apparentés. La nouvelle religion se répand peu à peu (ce qui dilue l'effet du népotisme) mais, en termes de reproduction, c'est bel et bien un avantage individuel qui est à l'origine de cette innovation culturelle. Dans les sectes modernes (chez les raëliens, par exemple) apparaît souvent un gourou s'octroyant de droit un accès sexuel auprès des adeptes féminines. Pour des religions ou des sectes plus anciennes, il est difficile de documenter historiquement cet aspect. Toutefois, pour les musulmans, dont le nombre d'épouses est limité à un maximum de quatre, seul fait exception le prophète Mahomet en personne : en édictant le Coran, il s'est octroyé une limite de neuf épouses. On ne dispose d'aucune information sur le comportement sexuel des premières communautés chrétiennes ; on sait seulement que les disciples faisaient don de tous leurs biens et que les règles communautaires étaient très strictes ; cela ressemble étonnamment à certaines sectes modernes. Les historiens ne s'étant pas beaucoup penchés sur l'avantage reproductif, peu d'études existent sur le sujet. Mais l'avantage reproductif individuel est-il le seul élément en jeu ?

AU NOM DE LA LIGNÉE

Pour les parents, la règle de primogéniture ne semble pas *a priori* constituer un avantage individuel : certes, l'aîné mâle en retire un certain profit, mais au détriment de ses frères et sœurs. Curieusement, cette règle d'héritage est apparue, de façon systématique, dans les premières sociétés très inégalitaires (Incas, Égyptiens, Babyloniens, Chinois, etc.), en particulier afin de régir la transmission des biens des classes supérieures. L'apparition de cette règle, indépendamment en des lieux différents, et dans des conditions analogues de forte stratification sociale, suggère qu'elle joue un rôle important dans le fonctionnement des sociétés concernées.

Si vous êtes riche et puissant, vous pouvez monopoliser en moyenne davantage de femmes que vos contemporains. Un noble inca est limité par la loi à un harem de 700 femmes. Sur les différents continents, les premiers empereurs ou rois avaient couramment des harems de plusieurs milliers de femmes. Les riches Romains possédaient un grand nombre d'esclaves, dont beaucoup étaient des femmes : elles servaient essentiellement à la reproduction exclusive du maître. D'un empereur à l'autre (Tibère, Trajan,

Commode, Caracalla, Maximin), les harems de plusieurs centaines de femmes étaient monnaie courante. Un roi khmer du XIIIe siècle avait entre 3 000 et 5 000 concubines. Un chef aztèque de la ville de Texcoco avait un harem de 2 000 femmes et, au XVIe siècle, Moctezuma II régnait à Mexico sur 4 000 femmes. Le roi des Natchez (le « Grand Soleil ») de la vallée du Mississippi avait fait construire des bâtiments lui permettant de disposer d'environ 4 000 femmes. Tanoa, roi des Fidjis à la fin du XIXe siècle, déclarait posséder une centaine de femmes. En l'an –333 est défait à Damas le dernier roi de la dynastie achéménide, Darius III : dans son harem, on trouve 329 concubines. La liste pourrait encore être plus longue : sont concernés tous les continents et toutes les époques. Dès l'apparition des grands États hiérarchisés, la quête du pouvoir politique n'est pas nettement dissociable de la recherche du pouvoir reproductif. Le statut social pourrait ainsi se mesurer directement au nombre de femmes sexuellement à disposition.

Si vous avez des richesses, transmettre équitablement vos biens à tous vos descendants est un pari risqué : en divisant vos richesses, pour considérables qu'elles soient, vous affaiblissez le pouvoir qui leur est attaché ; face à des familles qui auront su concentrer pouvoir et richesse, chacun de vos enfants aura du mal à s'imposer dans la compétition sociale. Il s'avère plus judicieux de réserver votre patrimoine à un petit nombre de descendants – les héritiers – qui, comme vous, pourront en profiter pour reproduire leurs gènes en proportion plus forte que les autres hommes de la population. Ces héritiers, on le comprend, ne doivent pas être trop nombreux : la conservation du patrimoine dans la lignée – et donc une plus forte reproduction – passe par un nombre très faible d'héritiers, idéalement un seul, afin d'éviter d'avoir à le diviser. Mais comment choisir l'heureux élu ? Pour éviter toute compétition violente entre enfants, il convient d'établir des règles sociales permettant de désigner le plus vite possible le ou les héritiers : une de ces règles est réalisée par le mariage. En se mariant à une ou plusieurs femmes, un homme désigne déjà ses héritiers, avant même leur naissance.

Si l'on veut réduire sensiblement le nombre potentiel d'héritiers, il suffit d'adopter la monogamie, c'est-à-dire le mariage avec une seule et unique femme. Mais cette réduction drastique du nombre possible d'héritiers s'avère encore insuffisante, car elle peut mener aussi au partage des richesses. Il est normal d'exclure les filles, pour une raison reproductive fondamentale : le nombre d'enfants qu'une femme peut avoir étant biologiquement limité, il ne peut donc guère augmenter, même en envisageant de meilleures conditions matérielles ou plusieurs partenaires sexuels. Pour un homme, les limites sont moindres, et le nombre de ses enfants peut augmenter considérablement suivant le nombre de ses partenaires sexuelles : ce nombre dépendra de ses richesses et de sa puissance sociale. Pour la transmission des gènes, il a donc avantage à réserver à ses fils la transmission des biens : d'où le système patrilinéaire. En fait, pour éviter la division du patrimoine, il s'avère plus réaliste de choisir un seul héritier, et de le désigner clairement au préalable : dans le statut de primogéniture, c'est le fils aîné. D'où, dans les premières grandes civilisations de l'humanité, des Babyloniens aux Incas, et dans la plupart des grands États qui ont suivi, un système avec mariage avec une seule femme (monogamie) et un accès sexuel auprès de nombreuses femmes (polygynie), associé à un mode de transmission des richesses par primogéniture. En disant le mode de transmission d'une génération à l'autre, cette règle d'héritage confère en même temps une véritable fonction sociale à la notion de lignée.

Mais alors, pourquoi ne pas tuer les autres fils issus du mariage dès la naissance ? Cela serait logique, puisque les frères représentent un danger permanent pour l'héritier, et pour la stabilité de la lignée. D'une façon ou d'une autre, il convient donc de s'en débarrasser. Pas trop vite cependant, de façon que si l'aîné meurt, le suivant puisse prendre sa place en tant qu'héritier. Les frères cadets pouvant ainsi être utiles ne sont pas éliminés à la naissance. Mais, une fois l'héritier devenu adulte et en position de pouvoir, il lui faut effectivement éliminer les concurrents qui pourraient avoir des raisons légitimes de revendiquer cette place : les pleins frères (les nombreux demi-frères, issus d'unions sans mariage, ne peuvent prétendre au statut d'héritier). Sur les modalités de cette élimination, on observe une grande varia- tion culturelle. Dans l'Empire ottoman, comme on l'a déjà vu, les frères du nouveau roi étaient froidement exécutés (voir chapitre 3) ; chez les Aztèques, on les tuait probable- ment lors de rituels sacrificiels honorifiques ; en Europe, on les envoyait guerroyer (les croisades étaient essentiellement composées de cadets), ce qui réduisait fortement leur espé- rance de vie, ou bien on les faisait entrer dans les ordres, leur interdisant donc de se marier et de créer eux-mêmes une lignée. Dans ce dernier cas, ils jouaient toujours le rôle de réserve d'héritiers, mais sous surveillance d'une institu- tion morale socialement puissante.

Un grand nombre de traits culturels s'expliquent ainsi dans le cadre d'une sélection entre lignées. À titre d'exemple, on peut citer des formes d'alliances entre lignées, comme les règles implicites d'échange des femmes : on accorde à une autre lignée une fille en mariage et, en échange, on en récupère une autre, parfois une ou deux générations plus tard. Par là, on crée des proximités génétiques, donc des intérêts communs entre lignées. Les grandes lignées européennes, comme les Habsbourg, ont pratiqué ce type d'alliances pendant des siècles.

Les règles de fonctionnement d'une lignée (comme celle de la transmission par primogéniture) avantagent celui qui se trouve en position de les appliquer : en observant la règle de primogéniture, le père prend la meilleure décision en vue de reproduire ses propres gènes, même si cela défavorise une partie de ses descendants ; il tendra alors à défendre ladite règle et à renforcer son acceptation sociale. On peut ainsi toujours interpréter les règles de fonctionnement d'une lignée comme un avantage individuel, puisque leur usage est imposé à chaque génération par ceux qui en tirent bénéfice. De même pour les colons du XVIIe siècle installés en Nouvelle-Angleterre : disposant de ressources illimitées, ils n'avaient aucun besoin de maintenir la primogéniture en favorisant un seul fils. Au bout de quelques générations, cependant, la saturation du milieu fit que la primogéniture fut rapidement instaurée. On le voit, lorsque la règle en cours ne leur est plus favorable, les personnes qui en ont le pouvoir ne se gênent généralement pas pour la changer ou la contourner.

AU NOM DU GROUPE

Dans les sociétés humaines existent souvent des entités plus larges que les lignées et également soumises à la sélection naturelle. La petite histoire suivante en donne un exemple.

« Votre tribu vient de remporter une victoire. Une partie des prisonniers a déjà été sacrifiée selon le rite, le reste servira de main-d'œuvre comme esclaves, et toutes les prisonnières ont été attribuées selon le statut de chacun. La tribu va aussi occuper le territoire des vaincus, ce qui est une aubaine car la terre est bonne et les graines y poussent bien. Au bout de quelques années, la tribu a grandi en nombre et en force. La tribu continue de grandir, et doit trouver de nouveaux territoires. Il est décidé d'envahir les terres du sud, défendues par une petite tribu qu'il sera facile de vaincre. Mais ladite tribu, ayant flairé les préparatifs de guerre, fuit dans la montagne. On se contente donc des terres gagnées, sans apport de femmes cette fois-ci. C'est dommage, car les deux fils du chef ne s'entendent plus très bien depuis le dernier partage des femmes ; chacun en a reçu le même nombre, mais l'un prétend que celles de l'autre étaient plus jeunes et plus jolies. D'où une tension dans la tribu, où chacun a ses partisans. Pour calmer les esprits, on attend le prochain partage, et l'on prépare une nouvelle guerre. Les voisins de l'ouest sont la cible idéale, leurs femmes ayant la réputation d'être fort jolies. L'opération réussit, mais se révèle moins favorable que prévu : certes, le nombre de femmes est important, mais les fils du chef ne sont plus les seuls à se montrer mécontents de la répartition. Le cadet fomente une rébellion, les guerriers réclament davantage de femmes car, prétendent-ils, ils ont pris plus de risques, et le chef est débordé de toute part. Le fils cadet élimine son père dans le but de prendre sa place, ce qui est loin de faire l'unanimité. Un autre chef se déclare, suivi par une partie des guerriers ; puis un troisième chef parvient à s'emparer de la moitié des captives et s'installe dans le sud du territoire avec toutes les personnes de son lignage et ses alliés. Voilà la tribu scindée en trois morceaux affaiblis par tous ces règlements de comptes. Les voisins du nord, qui en profitent pour engager les hostilités, n'auront aucun mal à conquérir trois sous-tribus en conflit. Adieu les femmes, et les hommes qui seront sacrifiés, ou deviendront esclaves. »

Là est le problème de toute société prospère : à mesure qu'elle s'agrandit, les tensions y deviennent plus fréquentes, d'où l'apparition de conflits internes. Aussi bien entre individus, entre lignées, que dans tout autre sous-groupe, les conflits internes affaiblissent l'ensemble et rendent le groupe social plus fragile face à des attaques externes. Dans les conflits entre groupes, le plus gros emporte souvent la victoire, ce qui le fait grossir encore, jusqu'à ce que la taille atteinte génère d'autres conflits. À certains endroits, on connaît plusieurs cycles successifs de grandes sociétés se constituant par des victoires successives, puis s'effondrant du fait de leur trop grande taille, permettant au même processus de recommencer. Ainsi, dans l'actuel Pérou, le grand Empire inca fut le dernier à émerger, après la répétition de ce cycle au moins une ou deux fois.

Ce processus est-il inéluctable ? Non, puisqu'il suffit de limiter les conflits internes : une grande société unie possède de ce fait un avantage considérable dans toute compétition et peut alors prétendre dominer et perdurer. Tout conflit interne provient le plus souvent d'un désaccord sur la distribution des ressources : il suffit d'un moyen pour déterminer ce qui doit être fait en toutes circonstances ou, plus généralement, d'un moyen d'établir ce qui est bien ou mal. Toutefois, accepter une règle morale ne va pas de soi. Mon voisin a déjà cinq femmes et il me dit que la règle morale est de ne jamais convoiter la femme d'autrui ; son intérêt personnel est trop évident, il aura du mal à faire adopter une telle règle, sauf par les personnes ayant le même avantage que lui. Idéalement, la règle morale doit donc être édictée par une entité n'ayant aucun intérêt matériel à le faire et, si possible, dont l'existence s'étend sur plusieurs générations : un dieu, par exemple.

Toutes les sociétés humaines ont (ou ont eu) au moins un dieu, mais ces dieux ne s'impliquent pas tous également dans les petites affaires des hommes. Oui, tous ont *a minima* créé le monde, les différentes espèces animales et végétales, ainsi que l'homme, en usant de procédés très variés. Mais après cette création, certains dieux sont allés se reposer, laissant les hommes se débrouiller seuls. Il en est ainsi chez les Bororos, Indiens devenus célèbres par la description qu'en a donnée Claude Lévi-Strauss dans *Tristes tropiques*. On retrouve ces dieux insouciants des problèmes humains chez un grand nombre de groupes ethniques : Fangs, Mossis, Lacandons, Aleuts, Ingaliks, Cubéos, Caduvéos, Natchez ou Tikopias. Dans d'autres sociétés, les dieux se sont inquiétés de la vie quotidienne des hommes, jusqu'à poser des règles morales : il s'agit alors de dieux moralisateurs, tels qu'on les trouve chez les

Nuers, les Zapotèques, les Moghols, les Papagos et, bien sûr, dans tous les groupes culturels sous influence judéo-chrétienne.

La répartition du caractère moralisateur d'un dieu au sein des différentes sociétés est-elle aléatoire ? Si un dieu moralisateur représente une force tendant à apaiser les conflits internes, on s'attend à retrouver ce modèle de dieu dans les sociétés les plus grandes, et sur les territoires les plus riches. L'analyse des données anthropologiques montre que c'est exactement le cas.

Ainsi donc, le caractère moralisateur d'un dieu est un trait culturel, trait favorisé lors de compétitions entre groupes du fait de l'avantage qu'il procure en diminuant les conflits internes. Et l'invention de dieux éternels facilite la transmission des croyances religieuses. Variation (dieu moralisateur ou non), transmission des croyances, repro-duction différentielle (le groupe avec un dieu moralisateur a plus de chances de perdurer) : on retrouve bien là tous les ingrédients de la sélection naturelle.

D'autres traits varient, selon les religions : certaines ont un seul dieu (monothéisme), d'autres plusieurs (poly-théisme). La sélection naturelle s'exerce-t-elle là aussi ? Il est difficile de le dire, très peu d'études abordant ces questions : l'approche évolutionniste des religions, y compris de leur origine, en est encore à ses débuts. Bien sûr, il existe d'autres moyens qu'un dieu pour émettre et imposer des règles morales. Notre code civil, par exemple, en établit un certain nombre. Et la morale existait avant l'invention des dieux, puisque l'on retrouve une protomorale chez de nombreux primates. Elle existe aussi après les dieux puisque les athées ne sont pas sans morale. Mais ceci est une autre histoire…

La sélection de groupe est-elle indépendante de la sélection individuelle? Aucun individu n'a avantage à ce que son groupe soit vaincu. Dans le meilleur des cas, les vaincus perdent leurs privilèges sociaux en devenant une classe sociale servile ou esclave. Certes, pour quelqu'un ayant très peu de privilèges sociaux, l'enjeu est moindre que pour une personne appartenant à la classe dirigeante. Il se peut donc que cette classe dirigeante tende à imposer à l'ensemble du groupe la croyance en un dieu moralisateur. Comme le montrent plusieurs analyses, les sociétés organisées en classes ou castes distinctes ont effectivement davantage tendance à se doter d'un dieu moralisateur (indépendamment de leur taille). Dans ces types de sociétés, l'avantage du groupe s'explique en grande partie par l'avantage individuel de ceux qui composent la classe dirigeante.

Biologie et culture : des murs à abattre

On oppose souvent le biologique au culturel avec, selon l'interlocuteur, une connotation négative pour l'un des deux termes. La coupure institutionnelle n'arrange en rien les choses : les divers enseignements séparent soigneusement ce qui relève de l'un et de l'autre ; les universités françaises de sciences et de lettres sont bien distinctes et sur des campus différents. Difficile, dans ces conditions, de mener une étude sérieuse sur leur interaction. Un trait culturel peut certes se répandre assez rapidement, bien plus vite qu'un trait biologique. Mais cela n'est pas un frein à l'interaction entre les deux domaines.

Une innovation culturelle peut avoir des conséquences biologiques importantes. On a déjà évoqué le cas de la répartition des glandes sudoripares des Inuits, sur le visage essentiellement, à la suite d'innovations vestimentaires et de mode de vie. La domestication des animaux, en garantissant une abondante réserve de viande pour toute l'année, s'est avérée une innovation fort avantageuse. Mais ce contact suivi avec des animaux a favorisé l'invasion des parasites et l'apparition de maladies nouvelles dans l'espèce humaine. Ainsi, la rougeole provient du chien ou de la vache, la grippe vient du cochon et du canard, la coqueluche des cochons ou des chiens. Si la domestication a favorisé le passage des parasites vers l'homme, elle a aussi, conjointement avec l'agriculture, contribué à accroître la densité des populations. Or, dans une population plus dense, la sélection favorise les parasites les plus virulents. D'où l'apparition chez l'homme d'une sélection naturelle pour résister à ces maladies, et d'un terrain favorable à de nouvelles innovations culturelles, par exemple une réglementation sociale de mise en quarantaine ou la vaccination. La vie dans les sociétés animales à forte population a toujours présenté des risques parasitaires : la sélection a souvent conduit à des comportements hygiénistes, et certaines fourmis et termites, par exemple, pratiquent une médication collective. Comme on l'a déjà vu, l'innovation culturelle du feu permit de mieux se nourrir, en même temps qu'elle conduisit à des changements biologiques majeurs dans tout notre appareil digestif. L'agriculture a conduit à la sélection pour une meilleure utilisation de l'amidon, en amplifiant les gènes impliqués dans sa digestion. Les nouveautés alimentaires sont donc à l'origine de sélections pour une meilleure adéquation biologique.

Reste à voir quelles vont être les sélections induites par les grands changements alimentaires de l'après-guerre, avec consommation accrue de sucres et de graisses. Chaque innovation culturelle entraîne des modifications dans l'intensité et l'orientation de la sélection, en même temps qu'un terrain est ouvert à d'autres innovations culturelles. Rétrospectivement, il est bien difficile de dire lequel des deux modes, culturel ou biologique, prime sur l'autre. Les interactions sont si fortes de l'un à l'autre que la question n'a peut-être que peu de sens.

L'évolution culturelle peut parfois être assez lente. Il a fallu du temps pour que la pomme de terre soit appréciée en France. Arrivée d'Amérique à la fin du XVIe siècle, elle était considérée au XVIIIe comme juste bonne pour les cochons. Parmentier imagina un stratagème psychologique : faire garder des champs de pommes de terre par des soldats, afin de signifier à tous la grande valeur de cette culture. Les gardes avaient ordre de s'absenter la nuit, favorisant ainsi le chapardage. La pomme de terre constitue maintenant un composant important du régime alimentaire français. Les changements culturels prennent parfois du temps mais, une fois engagés, ils peuvent se répandre très vite. Imo, femelle macaque du Japon, s'est livrée un jour à une innovation intéressante : laver dans l'eau des patates douces ; en ôtant ainsi la terre et le sable, elle les rendait plus appétissantes. Très vite, les jeunes autour d'elle l'ont imitée, sa mère aussi, puis la mère de chacun des jeunes, puis tous les nouveaux enfants ; les mâles adultes, eux, n'ont jamais été capables d'adopter cette innovation et ils ont continué à s'abîmer les dents en croquant des patates douces pleines de terre et de sable. Certains phénomènes sociaux surprenants sont aussi parfois à prendre en compte. Réfléchissez à la proposition suivante : vous avez le choix entre un appartement de 100 m² (alors que tous vos amis en habitent un de 80 m²) ou bien un de 200 m² (alors que tous vos amis en habitent un de 250 m²). Lequel choisir ? Un appartement spacieux mais considéré comme petit par tout le monde, ou un appartement plutôt réduit mais suscitant l'envie de tous ? Réponse claire : la plupart des gens désirent un appartement plus grand que celui de leurs voisins, même si, dans l'absolu, il est petit, ce qui montre bien que l'importance sociale des richesses de chacun dépend des richesses des autres. C'est un point important pour comprendre l'évolution culturelle

Globalement, il apparaît ainsi que l'on sait peu de choses sur les modalités de l'évolution culturelle de notre espèce. Situation pour le moins paradoxale, compte tenu du développement extrême de la culture humaine par rapport à celle des autres espèces.

Un des blocages provient sans doute de la pudeur attachée à l'étude de la reproduction différentielle chez l'homme. De nos jours, on ne peut expliquer le monde vivant sans considérer, par exemple, la compétition pour se reproduire et la reproduction différentielle entre individus – en particulier selon leur statut, pour ce qui est des espèces sociales. Or de tels concepts, pourtant bien connus des historiens, ne se trouvent nulle part dans les manuels scolaires d'histoire. Un autre blocage provient très certainement de la difficulté à concevoir les éléments culturels comme résultant d'une évolution, et pouvant s'analyser avec les concepts qu'utilisent les biologistes, même si les outils diffèrent. Les changements de mentalité sont d'autant moins aisés que la mode (ou l'habitude) est d'ignorer les aspects biologiques :

Unité de l'homme, diversité des cultures, cette formule résume le programme des sciences humaines du XXᵉ siècle, en considérant que toute la variation observée est d'origine culturelle. Nous verrons bien si la situation changera au cours du XXIᵉ siècle.

Ce que l'on connaît de l'évolution culturelle ne se réduit évidemment pas à ce qui en est dit plus haut. Il fallait d'abord montrer que si le but est de véritablement comprendre l'espèce humaine et sa spécificité culturelle, il n'est pas concevable de faire l'économie de la sélection naturelle. Une fois cet obstacle franchi s'ouvre un vaste champ qui n'est pas évoqué ici, et dont une grande partie reste à défricher. Comprendre la culture humaine, dans sa dimension symbolique, fonctionnelle et évolutive, passera par une interdisciplinarité réelle – donc une fusion – entre sciences encore appelées humaines et biologiques. L'entreprise n'est pas sans obstacles : la refonte de la recherche sur notre espèce n'est pas une bagatelle, surtout lorsqu'il s'agira (par exemple) d'aborder les origines des religions et les modalités de leur évolution, sujet à peine esquissé ici. Les Lumières du XVIIIᵉ siècle ont réussi l'exploit d'éclairer l'homme sous un jour nouveau, à une époque dominée par des croyances arbitraires et un despotisme d'État. Il devrait être possible, actuellement, de faire un pas supplémentaire dans la compréhension de l'espèce humaine. Et, dans ce projet, la biologie apportera autant de lumières que les sciences humaines.

Notes détaillées

Chapitre 1

Le principe de sélection naturelle a été exposé pour la première fois en 1859 par Darwin, dans *L'Origine des espèces*.

LLA RECETTE DE LA SÉLECTION NATURELLE. Le mélanisme de la phalène du bouleau (*Biston betularia*) est un exemple célèbre de sélection naturelle en action (Haldane, 1924 ; Kettlewell, 1956, 1964). Mais ce papillon n'a pas été le seul à être affecté, une forme mélanique ayant aussi été avantagée par la pollution industrielle chez d'autres insectes et probablement une araignée. Pour une synthèse sur le mélanisme et plus particulièrement le mélanisme industriel, voir Majerus (1998). Sur le déterminisme génétique du mélanisme, voir True (2003), ainsi que van't Hof (2011) pour une localisation chromosomique du gène, les preuves moléculaires de son origine récente et de la forte sélection qui a eu lieu. Sur la variation de longueur de la queue de l'hirondelle de cheminée (*Hirundo rustica*), voir Møller (1994). Les différences individuelles de personnalité sont connues chez de nombreux animaux, comme le corbeau freux (Scheid & Noë, 2010), ainsi que de nombreux autres oiseaux (Groothuis & Carere, 2005) et les primates non humains (Freeman & Gosling, 2010). On peut prédire, chez un individu de mésange charbonnière (*Parus major*), les comportements d'exploration envers des lieux ou des objets nouveaux (donc un niveau de curiosité) en examinant le variant du gène DrD4, qui code pour l'unité D4 du récepteur de la dopamine (Fidler *et al.*, 2007). Chez l'homme, pour le même gène, il existe aussi une association entre certains variants et la curiosité pour les nouvelles situations, comme le montre une méta-analyse récente (Munafo *et al.*, 2008) ; remarquons que l'effet génétique explique 3 % de la variance de comportement, ce qui est considéré comme relativement élevé pour ce genre de trait, mais qui laisse ainsi une grande place à d'autres déterminants. On connaît d'autres cas de déterminismes génétiques de traits de personnalité, par exemple pour l'anxiété (Schinka *et al.*, 2004). L'ouverture des bouteilles de lait par certaines mésanges est décrite par Fisher & Hinde (1949). Sur la transmission (partielle) des idées religieuses et politiques des parents aux enfants, voir p. 241-245 de Cavalli-Sforza (1981), Cavalli-Sforza *et al.* (1982) et Olson *et al.* (2001). Sur les règles d'héritage chez l'homme, par exemple la primogéniture, voir Hrdy & Judge (1993). Sur la transmission de la latéralité manuelle, voir la synthèse de Llaurens *et al.* (2009b). Sur la transmission du QI, l'étude citée sur les enfants issus d'insémination artificielle est de Capron & Duyme (1989), et celle sur l'adoption de Duyme *et al.* (1999) ; voir aussi McClearn *et al.* (1997).

LES MOUSTIQUES ET LE DDT. C'est Paul Hermann Müller qui reçut le prix Nobel de médecine en 1948 pour avoir découvert les propriétés insecticides du DDT. L'évolution de la résistance aux insecticides chez le moustique *Culex pipiens* est résumée dans Raymond (2010). Il s'agit essentiellement de la résistance aux organophosphorés, qui ont remplacé le DDT dans le Languedoc-Roussillon. La migration mondiale d'un gène de résistance (*Ester2*, qui code pour une estérase surproduite A2-B2), décrite pour la première fois en 1991 (Raymond *et al.* 1991), est analysée par Labbé *et al.* (2005). Le remplacement des gènes de résistance dans la région de Montpellier est décrit et analysé dans Labbé (2009). Dans le sud de la France, les insecticides organophosphorés sont remplacés depuis 2007 par une autre classe d'insecticides (le Bti). Le modèle dit de la *zone stable* propose une méthode de traitement empêchant que la résistance se développe (Lenormand & Raymond, 1998), et qui n'a pas encore pu être expérimentée en grandeur nature. Elle est basée sur l'existence d'un désavantage que procurent les gènes de résistance en l'absence du pesticide (le *coût de la résistance*), désavantage qui est bien documenté chez ce moustique (Chevillon *et al.*, 1997 ; Lenormand *et al.*, 1999 ; Lenormand & Raymond, 2000 ; Berticat *et al.*, 2004 ; Duron *et al.*, 2006), et qui est détecté dans pratiquement toutes les espèces lorsqu'il a été recherché dès l'apparition de la résistance, y compris chez les bactéries résistantes aux antibiotiques (Andersson, 2006 ; Baquero *et al.*, 2009). En continuant les traitements massifs, une sélection se fait en faveur de gènes diminuant ce coût de la résistance, y compris chez les bactéries résistantes (Cohan *et al.*, 1994 ; Schrag & Perrot, 1996). Des résistances aux antibiotiques, y compris à la vancomycine et la tétracycline, ont été trouvées dans des bactéries issues de sédiments vieux de 30 000 ans (DaCosta *et al.*, 2011). L'utilisation des antibiotiques par les fourmis est décrite par Currie *et al.* (1999). La résistance des poux (*Pediculus humanus*), des différentes espèces de moustiques des genres *Anopheles*, *Aedes*, *Culex*, de la mouche domestique (*Musca domestica*), de la mouche de l'olive (*Bactrocera oleae*), du ver de farine (*Tenebrio molitor*), du doryphore (*Leptinotarsa decemlineata*), du puceron du pêcher (*Myzus persicae*), et de bien d'autres se trouve par exemple dans Georghiou (2001) et McKenzie (1994). Pour la résistance des plantes aux métaux lourds, voir Antonovics *et al.* (1971) et Macnair (1987) ; pour les changements de taille et de forme du bec des pinsons des Galapagos, voir Grant & Grant (1993, 1995) ; pour la sélection des éléphants femelles sans défenses du fait du braconnage pour l'ivoire, voir Jachmann *et al.* (1995) ; pour la plante médicinale (*Saussurea laniceps*) dont la cueillette désavantage les grands individus, voir Law & Salick (2005) ; pour la chouette hulotte dont la couleur évolue par sélection naturelle suite au changement climatique, voir Karell *et al.* (2011) ; pour la modification et la suppression du chant du mâle de *Teleogryllus oceanicus* suite à l'introduction de la mouche parasite *Ormia ochracea*, voir Bretman & Tregenza (2007) (pour le principe de détection du grillon par cette mouche, voir chapitre 4), pour les changements adaptatifs de plantes ou d'animaux introduits dans certaines régions, voir par exemple Stearns (1983) et Reznick *et al.* (1997) ; pour d'autres exemples, voir Berthold *et al.* (1992), Hendry & Kinnison (2001), Reznick & Ghalambor (2001), Bradshaw & Holzapfel (2008) et Novembre *et al.* (2009).

Gènes et cultures. L'expérience contrôlée de domestication du renard argenté est décrite par Lindberg *et al.* (2005). Sur la coévolution génétique et culturelle vache/homme, voir Beja-Pereira *et al.* (2003) ; la mutation changeant la régulation du gène de lactase s'est produite une fois en Europe, plusieurs fois en Afrique, où existent des foyers de domestication de bovins pour en extraire le lait, voir Tishkoff *et al.* (2007) et Check (2006), ainsi qu'une fois en Arabie saoudite, en liaison avec la domestication du dromadaire (Enattah *et al.* 2008). Les sociétés néolithiques européennes ne possédaient pas cette mutation, ou en très faible fréquence (Burger *et al.*, 2007), ce qui implique une très forte sélection naturelle pour expliquer la distribution actuelle de la tolérance au lactose en Europe, à partir d'une origine unique en Europe centrale il y a environ 7 500 ans (Bersaglieri *et al.* 2004 ; Itan *et al.* 2009). L'amplification des gènes amylase en liaison avec l'agriculture est décrite par Perry *et al.* (2007) ; voir aussi Patin & Lluis Quintana-Murcie (2008). Pour la date de la maîtrise du feu et des premiers aliments cuits, voir la synthèse présentée par Wrangham & Conklin-Brittain (2003), Gibbons (2007) et Wrangham (1999). Sur la plus grande digestibilité des aliments cuits, aussi bien les graines et tubercules que les viandes, voir p. 55-81 dans Wrangham (2010). Les chimpanzés, bonobos, gorilles et orangs-outangs qui préfèrent les aliments cuits sont décrits dans Wobber *et al.* (2008), voir aussi p. 38-40 et 91 dans Wrangham (2010). Sur les adaptations biologiques humaines en liaison avec la cuisson des aliments, mâchoires, dents, estomac, gros intestin, voir Gibbons (2007) et p. 41-44 dans Wrangham (2010). Quant aux conséquences sur la perte de poids, les aménorrhées et les différentes carences, d'un régime sans aliments cuits, voir Koebnick *et al.* (1999), Wrangham & Conklin-Brittain (2003), Fontana *et al.* (2005) et p. 15-36 dans Wrangham (2010). L'opposition entre le culturel et le biologique s'apparente à une mythologie moderne, à laquelle se réfère une partie des sciences humaines. Il est possible que cette opposition dérive du dualisme chrétien ou platonicien, il y a là une voie de recherche intéressante en histoire des sciences.

LE PARADOXE DES CASTES STÉRILES. Chez tous les hyménoptères, les femelles (reine et ouvrières) sont diploïdes, alors que les mâles sont haploïdes et issus d'une parthénogenèse arrhénotoque. Cela crée des proximités génétiques particulières entre les individus d'une famille (coefficient de parenté entre parenthèses) : une fille est ainsi plus proche de sa sœur (0,75) que de son propre fils (0,5), son intérêt est donc de favoriser la reproduction de sa mère au détriment de sa propre reproduction. Pour plus de détails sur la sélection de parentèle, voir Hamilton (1964, 1972), Michod (1982), Fromhage & Kokko (2011). Il existe plusieurs espèces eusociales en dehors des hyménoptères : les termites (Thorne, 1997), quelques espèces de pucerons (Stern & Foster, 1996), un coléoptère (Kent & Simpson, 1992), quelques thrips (Chapman *et al.*, 2000), une crevette,

Synalpheus regalis (Duffy, 1996), un campagnol, *Microtus pinetorum* (Solomon, 1994) et deux rats-taupes (Jarvis & Bennett, 1993).

SÉLECTION ET ÉQUILIBRE. L'existence ancienne des gauchers est montrée par : 1) l'étude de la fabrication de certains outils ou bien des traces d'usure lors de leur utilisation, ce qui permet d'inférer la latéralité du fabricant ou de l'utilisateur (Brinton, 1896 ; Bocquet, 1978 ; Phillipson, 1997 ; Rugg & Mullane, 2001) ; 2) les peintures paléolithiques, particulièrement les empreintes négatives de mains (Faurie & Raymond, 2004) ; 3) l'étude des squelettes (Steele, 2000). Une synthèse globale se trouve dans Steele & Uomini (2005). Notons que chez l'homme de Neandertal, il y avait aussi des droitiers et des gauchers, avec une majorité de droitiers (Bermùdez de Castro *et al.*, 1988 ; Lalueza & Frayer, 1997 ; Frayer *et al.*, 2011). Le combat d'Amadou Hampâté Bâ, qui a eu lieu au début du XXᵉ siècle, est décrit p. 300-305 de ses *Mémoires* (Hampâté Bâ, 1992). Le sport, tel qu'on le connaît aujourd'hui, est une pratique d'origine occidentale. Un sport qui oppose deux personnes peut être vu comme un combat ritualisé, avec des règles bien précises (dont celle, implicite, de ne jamais tuer son adversaire), et souvent particulières à chaque sport (comme celle, pour le tennis, d'avoir perdu si on ne renvoie pas la balle). Pour la fréquence des gauchers en Occident et parmi les différentes catégories de sports, voir Raymond & Pontier (1996), Grouios *et al.* (2000), Brooks *et al.* (2003), Hagemann (2009) et Harris (2010). Pour la reproduction différentielle des sportifs, on sait seulement, assez indirectement, que les sportifs ont un plus grand nombre de partenaires sexuels que les non-sportifs (Faurie *et al.*, 2004), voir aussi Llaurens *et al.* (2009a) pour les lutteurs chez les Sérères du Sénégal. La grande variation du pourcentage des gauchers entre les groupes humains traditionnels (Faurie *et al.* 2005) s'explique en partie par le niveau de violence, qui est estimé par un taux d'homicide, voir Faurie *et al.* (2005), ce que confirme la modélisation (Billiard *et al.*, 2005). En ce qui concerne les sociétés occidentales, on trouve de plus grandes ou plus faibles proportions de gauchers suivant le niveau d'études, le salaire, le métier, etc., ce qui est attendu si la latéralité n'est pas indépendante du statut socio-économique (Faurie *et al.*, 2008). Les poissons ayant une latéralisation spécifique de la bouche leur permettant de se nourrir efficacement d'écailles d'autres poissons sont des cichlides du lac Tanganyika (genre *Perissodus*), l'étude ayant été faite sur l'espèce la plus fréquente (*P. microlepis*), voir Hori (1993). Le bec-croisé des oiseaux du genre *Loxia* est une adaptation spécifique qui leur permet d'ouvrir les écailles des cônes de conifères encore fermés, afin d'en extraire les graines avant leur ouverture, comme le montre l'expérimentation de Benkman (1988). Sur l'avantage alimentaire d'une forme de croisement de bec, dépendant de la fréquence de l'autre forme de croisement, voir Benkman (1996). Pour les données quantitatives sur la consommation journalière de graines des différentes espèces du genre *Loxia*, voir Clement (2010). La preuve expérimentale de l'équilibre des deux formes de couleur de l'orchis sureau (*Dactylorhiza sambucina*) par un système de tromperie pour les insectes (généralement des bourdons) est présentée par Gigord *et al.* (2001), mais voir aussi Jersáková *et al.* (2006). Pour d'autres exemples de sélection dépendant de la fréquence et conduisant à un équilibre entre deux ou plusieurs formes, voir par exemple Fitzpatrick *et al.* (2007) pour un polymorphisme de comportement alimentaire chez la larve de drosophile, Olendorf *et al.* (2006) pour un polymorphisme de coloration affectant la survie chez le mâle guppy, Bleay *et al.* (2007) et Sinervo *et al.* (2007) pour un équilibre cyclique de 4-5 ans de trois morphes colorés de lézards, chaque morphe ayant une stratégie reproductive mâle particulière vis-à-vis des deux autres morphes, ainsi que Allen (1988) pour d'autres exemples.

Chapitre 2

Des plumes du dinosaure au sonar de la chauve-souris. On a longuement débattu sur l'origine de la plume. L'hypothèse de l'isolation thermique comme fonction initiale est classique, mais il y en a d'autres (par exemple une fonction de signal de condition). Quant à l'origine du vol chez les dinosaures, toute une série de fossiles bien conservés a été trouvée en Chine (Qiang *et al.*, 1998 ; Xu & Zhang, 2005 ; Xu *et al.*, 2011), permettant de reconstituer les stades intermédiaires (Norell & Clarke, 2001), et de mettre en évidence des animaux curieux, des dinosaures dont les quatre pattes ont une fonction d'aile (Xu *et al.*, 2003). L'homologie entre les pattes des dinosaures et les ailes des oiseaux est élégamment montrée par l'expression des gènes de développement des doigts (Vargas & Fallon, 2005 ; Towers *et al.*, 2011). Le fait que les aveugles utilisent l'ouïe pour percevoir l'environnement est déjà noté par Diderot (2009) ; plusieurs expériences ont montré formellement que c'est bien par l'ouïe que les aveugles perçoivent certaines propriétés de l'environnement, et que cette capacité peut s'améliorer par l'usage (Schwitzgebel & Gordon, 2000). Chauves-souris et cétacés ne sont pas seuls à utiliser l'écholocation : certaines musaraignes émettent de petits clics afin de percevoir leur environnement proche grâce à l'écho, ce qui leur permet d'avoir une *vision sonore* assez précise sur quelques dizaines de centimètres (Tomasi, 1979 ; Siemers *et al.*, 2009). La plus ancienne chauve-souris connue date de 52 millions d'années : apparemment, elle était insectivore et n'avait pas de système d'écholocation (Simmons *et al.*, 2008), ce qui indique que chez les chauves-souris le vol est apparu avant l'écholocation, mais il existe un débat à ce sujet, voir Veselka (2010) et la réponse vidéo de Simmons (http://www.youtube.com/watch ?v=Nh9Xt2B9FHs). L'écholocation est peut-être apparue une deuxième fois indépendamment (Teeling, 2008). Le fait que la prédation, plutôt que la compétition alimentaire, explique le passage des chauves-souris vers un mode de vie nocturne est analysé par Rydell & Speakman (1995). Pour des détails sur les différents types d'écholocation (émission continue ou saccadée), l'émission FM, la prise en compte de l'effet Doppler pour la capture des proies en mouvement et les aspects techniques des différentes adaptations de l'écholocation, voir Altringham (1996). Sur le passage des reptiles aux mammifères, avec entre autres l'acquisition de la thermorégulation, voir Benton (1990), p. 226 *et sq.*, ainsi que Jaeger (1996), p. 41-42.

Le grand bricolage de la sélection naturelle. Pour les détails de la structure de l'œil des vertébrés et des mollusques, voir par exemple Beaumont & Cassier (1978, 1981). Une modélisation simple, avec des hypothèses élémentaires, montre qu'en moins de quelques centaines de milliers de générations, à partir de quelques cellules sensibles à la lumière, et en sélectionnant sur la résolution spatiale, il est possible d'aboutir à un œil assez performant (Nilsson & Pelger, 1994). L'évolution des nerfs crâniens chez les vertébrés, depuis les poissons jusqu'aux mammifères, est décrite par Beaumont & Cassier (1978), p. 317-327. Sur l'évolution des os de l'oreille à partir de la mâchoire, voir Benton (1990), Janvier (1996) p. 272-273 et Hartenberger (2001), particulièrement p. 102-108. Sur l'origine des pièces buccales des insectes et des élytres des coléoptères, voir Grimaldi & Engel (2005). Pour l'origine des nageoires des cétacés, qui dérivent des pattes antérieures de leur ancêtre terrestre, voir Gingerich *et al.* (1994), Thewissen *et al.* (1994, 2001). Pour l'origine des glandes mammaires, voir Hartenberger (2001), p. 88-95.

ANIMAUX À ROULETTES ET POISSONS À HÉLICE. Un certain nombre d'animaux ou de plantes peuvent rouler en mimant eux-mêmes une roue (ce qui règle le problème de l'axe de rotation), comme une crevette stomatopode (Full *et al.*, 1993), surtout pour échapper à un prédateur si le terrain est en pente, le pangolin (Tenaza, 1975) et des araignées en milieu désertique (Henschel, 1990) ; le cas d'une larve de coléoptère (*Cicindela dorsalis media*) vivant dans le sable des plages est intéressant : afin d'échapper à un prédateur, elle utilise le vent, après une poussée initiale pendant laquelle elle s'enroule sur elle-même, mais le sable des plages devenant trop irrégulier du fait des activités humaines, cette stratégie d'échappement est moins efficace et la population de ce coléoptère décroît (Harvey & Zukoff, 2011). Les bousiers font rouler une boule de bouse qu'ils ont confectionnée, afin de l'enterrer plus loin et y pondre des œufs (Bartholomew, 1978 ; Heinrich & Bartholomew, 1980 ; Fabre, 1989). Plusieurs plantes désertiques poussent en boule, puis se détachent lorsque les graines sont mûres, ce qui les disperse lorsque la plante roule poussée par le vent (LaBarbera, 1983). Le flagelle de la bactérie est un organe complexe (au moins 50 gènes sont concernés pour le flagelle d'*Escherichia coli*), présentant une grande variabilité de structure parmi les différents groupes de bactéries ; les analyses moléculaires et structurales permettent de proposer que le flagelle dérive initialement d'un système de sécrétion activé par un flux de protons (Liu, 2009). Le flagelle du groupe des *Archaea* est complètement différent, aussi bien dans sa structure que son mode d'assemblage, suggérant une deuxième apparition indépendante (Jarrell *et al.*, 2009). En prenant une bactérie d'une taille de 1 µm (un millième de millimètre), et sachant qu'une molécule d'eau peut être approximée par une sphère d'au moins 2 Å (2 dix millionièmes de millimètre) (*cf.* www.obs-vlfr.fr/Enseignement/ enseignants/copin/H2O. pdf), cela fait un rapport de taille de (1 µm)/(2 Å) = 5 000. Un grain de sable faisant entre 0,063 et 2 millimètres, soit 1 millimètre, il faut un bateau de 5 000 × 1 millimètre = 5 mètres pour obtenir l'analogie. D'autres organismes unicellulaires ont trouvé d'autres moyens ; ainsi, les amibes déforment leur corps en envoyant une sorte de prolongement, lequel s'accroche puis entraîne le reste de la cellule, par reptation en somme. Mais la bactérie, avec sa paroi rigide, ne peut user de ce mode de déplacement. Les caractéristiques physiques d'*Opportunity*, ainsi que sa mésaventure avec la butte de 30 centimètres, sont décrits dans la page anglaise « *Opportunity Rover* » de Wikipédia. Pour des exemples de robots conçus pour se déplacer sur des terrains accidentés, utilisant le saut, voir Armour *et al.* (2007). Les Amérindiens connaissaient sans doute bien la roue : plusieurs figurines munies de roues, peut-être des jouets, ont été trouvées au Mexique (Ekholm, 1946) et en Amérique centrale (Diehl & Mandeville, 1987), datant sans conteste d'avant l'arrivée de Christophe Colomb. Pour des considérations générales sur les inconvénients et avantages de la roue, voir LaBarbera (1983) et les commentaires qui ont suivi (Diamond, 1983 ; Maitland, 1991).

Pourquoi le poisson volant ne vole-t-il pas plus ? Les ptérosaures ont vécu de la fin du trias à la fin du crétacé (entre –220 et –65 Ma), voir p. 177-183 dans Benton (1990) et les premiers poissons datent de l'ordovicien (entre –490 et –440 Ma), avec de nombreux groupes au dévonien (entre –420 et –360 Ma), voir Janvier (1996), p. 31, 36-37 dans Jaeger (1996) et p. 15-45 dans Benton (1990). Les premiers fossiles connus de « poissons volants », de la famille des *Exocoetidae*, datent de l'éocène moyen (Patterson, 1993). Certaines espèces actuelles peuvent planer sur plusieurs centaines de mètres. La tolérance des poissons à la survie hors de l'eau est très variable ; le silure-grenouille (*Clarias batrachus*) peut séjourner des heures hors de l'eau, comme l'anguille ; la sardine meurt en moins de 10 secondes, et la mort est aussi très rapide pour d'autres espèces de la même famille (*Clupéidae*), par exemple les ethmaloses d'Afrique de l'Ouest (J.-F. Agnese, comm. pers.). Certains oiseaux peuvent se mouvoir rapidement et avec aisance sous l'eau, comme les grèbes ; la vitesse de nage du grèbe huppé est couramment de 2 m/s, mais il tient moins d'une minute sous l'eau (Anonyme, 1995). Plusieurs calmars de la famille des *Ommastrephidae* sont connus pour faire des vols planés afin d'échapper à des prédateurs, comme l'encornet volant (*Ommastrephes bartrami*) qui peut faire des vols de 10 à 20 mètres à une altitude de 1 à 2 mètres (Murata 1988).

Le mythe de l'impossible retour. Les serpents sont issus d'un groupe de lézards mal connu, peut-être proche des mosasaures avec une origine aquatique (Caldwell & Lee, 1997) ; leur radiation date du tertiaire, voir Benton (1990) p. 194-195. Les cétacés sont issus des artiodactyles (ongulés avec un nombre pair de doigts, comme la chèvre et le cochon), leurs plus proches cousins étant les hippopotames (Montgelard *et al.*, 1997). Les paléontologues ont trouvé toute une série de formes intermédiaires, au début de l'ère tertiaire, entre la forme carnivore terrestre (probablement de l'ordre des *Mesonychia*) et les cétacés actuels, avec allongement du corps, perte progressive des pattes arrière, migration des narines vers le haut de la tête, développement d'une queue motrice, etc. (Gingerich *et al.*, 1990 ; Thewissen & Hussain, 1993 ; Gingerich *et al.*, 1994 ; Thewissen *et al.*, 1994 ; Hartenberger, 2001 ; Thewissen *et al.*, 2001). On trouve d'ailleurs chez le cachalot, après dissection, des vestiges des os des pattes arrière. L'œil a régressé chez de nombreux groupes qui se sont adaptés à des milieux sans lumière, par exemple des trilobites lorsqu'ils colonisent à plusieurs reprises les fonds marins en dehors de la zone photique (Feist & Clarkson, 1989 ; Feist, 1991, 1995), des poissons cavernicoles (Jeffery, 2005), des insectes (Garman, 1892 ; Selander, 1965 ; Arrow, 2009), des amphibiens comme le protée, des mammifères comme la taupe (Déom, 1993) ou des rongeurs souterrains (Cooper *et al.*, 1993). Dans aucun cas, il n'a été observé de réapparition de l'œil, même lorsque les lignées sont bien documentées sur de longues séries répétées, comme pour les trilobites (Feist & Clarkson, 1989). Le modèle de la perte de l'œil du fait de l'accumulation des mutations délétères est peut-être à moduler : c'est parfois la sélection d'autres fonctions, utiles dans le nouvel environnement, qui accélère la perte de l'œil, par des effets pléiotropiques (Cooper *et al.*, 1993 ; Jeffery, 2005), mais cela semble contesté, voir Wilkens (2011). Les îles n'ayant jamais été connectées à un continent sont nombreuses, étant apparues souvent par volcanisme, comme les îles polynésiennes, Hawaii ou Madère. Sur ces îles, la colonisation par quelques migrants mène souvent à une grande diversification, comme pour les lézards des Caraïbes (Losos *et al.*, 1997 ; 1998 ; Losos, 2001), les araignées de Hawaii (Blackledge & Gillepsie, 2004 ; Gillepsie, 2004), les crabes terrestres de Jamaïque (Schubart *et al.*, 1998), les gastéropodes pulmonés de Madère (Cameron & Cook, 1992 ; Cook *et al.*, 1990), les gastéropodes du genre *Partula* de Polynésie (Cowie, 1992), les carnivores de Madagascar (Goodman, 2009) ou les célèbres pinsons des Galapagos (Darwin).

Tous les moineaux se ressemblent. Les vrais moineaux, du genre *Passer*, sont représentés par 26 espèces (Summers-Smith, 2009), dont le moineau domestique (*Passer domesticus*) et le moineau friquet (*Passer montanus*). Pour l'introduction du moineau domestique en Amérique, et l'évolution morphologique rapide qui a suivi, voir Johnston et Selander (1964, 1973) et Lowther (1977) pour l'estimation de l'intensité de la sélection correspondante. La comparaison avec l'autruche est de Williams (1992), p. 129, le calcul détaillé est ici basé en considérant une autruche de 2 mètres (15 centimètres × 1,05[53] = 200 centimètres), et un temps de divergence minimum entre le moineau friquet et le moineau commun estimé à partir d'Allende *et al.* (2001). Remarquons que les couleurs de tous des moineaux ne sont pas toujours gris-marron-blanc : il y a deux espèces de milieux désertiques de couleur jaune (*P. luteus* et *P. euchlorus*). Bien que des données basées sur le polymorphisme moléculaire de l'ADN mitochondrial aient conduit certains auteurs à proposer une date assez ancienne de domestication du loup (plus de 100 000 ans, Vilà *et al.*, 1997), les premières traces archéologiques datent d'environ 15 000 ans (Sablin & Khlopatchev, 2002), bien qu'un crâne vieux d'environ 30 000 ans, récemment exhumé, puisse être celui d'un chien préhistorique (Germonpré *et al.*, 2009). À propos du chien domestique, par rapport aux autres espèces domestiquées, voir Hedrick & Andersson (2011). L'évolution de la faune mammalienne en Corse, lors de la période postglaciaire, est résumée dans Vigne (1992). Le sanglier et le mouflon corses ne sont pas les seuls à avoir un ancêtre domestique ; c'est probablement aussi le cas du chat sauvage corse (Vigne, 1988). Les premières études génétiques ont montré que les vautours de l'Ancien et du Nouveau Monde avaient des origines distinctes (Avise *et al.*, 1994) ; les rapaces proches des aigles et des faucons sont actuellement considérés comme le groupe qui est à l'origine des vautours d'Amérique (Hackett *et al.*, 2008).

Chapitre 3

Le cas du criquet (*Anulogryllus muticus*) se faisant dévorer par ses enfants est mentionné par Hamilton (1972), p. 199. Le mâle de la mante religieuse n'est pas le seul à risquer sa vie pour une copulation, c'est le cas par exemple chez une araignée, la veuve noire à dos rouge (*Latrodectus hasselti*) (Andrade, 1996), et de bien d'autres espèces, voir à ce sujet Judson (2002), p. 117-122.

La souris qui aimait les chats. Ce n'est que dans les années 1990 que *Toxoplasma* a été soupçonné de modifier le comportement humain, comme le raconte le principal protagoniste (Flegr, 2010). Cela se traduit par une augmentation des accidents routiers, probablement du fait d'un temps de réaction plus long (Flegr *et al.*, 2002, 2009), des troubles de personnalité (Flegr & Hrdy, 1994, 1999 ; Hinze-Selch *et al.*, 2010), une diminution de certains comportements de générosité (Lindová *et al.*, 2010), une plus grande probabilité de développer certaines maladies mentales (Henriquez *et al.*, 2009 ; voir aussi Yuksel *et al.*, 2010). Il est possible que l'importance de ces effets soit variable : le comportement des personnes de groupe sanguin Rh+ ne subirait aucune modification à la suite d'une infection par *Toxoplasma* (Flegr *et al.*, 2010). Pour une revue globale de ces effets, voir Fedaku (2010). Les rongeurs, qui évitent ordinairement les odeurs de chats, sont spécifiquement attirés par elles lorsqu'ils sont parasités par *Toxoplasma* (Berdoy *et al.*, 2000). Les exemples de manipulation parasitaire sont très nombreux. Pour se limiter à ceux mentionnés ici : un nématomorphe qui conduit le cricket à la noyade (Thomas *et al.*, 2002), voir aussi le film de vulgarisation à ce sujet (*Toto le Némato*, 2007, coproduction CNRS Images) ; l'exemple classique de la fourmi manipulée par la douve du foie se trouve dans http://fr.wikipedia.org/wiki/Dicrocoelium_dendriticum ; un trématode qui manipule un gammare (Ponton *et al.*, 2005) ; un nématode qui transforme une fourmi en fruit mûr (Hughes *et al.*, 2008) ; un trématode qui manipule une palourde (Thomas & Poulin, 1998) ; le virus de la rage qui rend son hôte agressif pour mieux se transmettre lui-même (Lefèvre *et al.*, 2009a, p. 49-52). Pour une revue générale voir Thomas *et al.* (2005) et Lefèvre *et al.* (2009b). Sur les mécanismes de la manipulation parasitaire, voir Lefèvre *et al.* (2009a). La ponte de la coccinelle à deux points (*Adalia bipunctata*) contient environ 30 à 50 œufs, dont la moitié n'éclosent pas lorsque la femelle est parasitée par une bactérie endocellulaire, dite « *male-killer* », qui tue spécifiquement les embryons mâles (Hurst *et al.*, 1992). Dans le cas de cette espèce de coccinelle, il y a en fait trois espèces différentes de bactéries endocellulaires qui ont chacune un effet *male-killer* : *Wolbachia* (Hurst *et al.*, 1999a), *Rickettsia* (Werren *et al.*, 1994) et *Spiroplasma* (Hurst *et al.*, 1999b). Dans les populations où la rickettsie *male-killer* est présente chez cette coccinelle, sa prévalence est d'environ 5 à 7 % (Hurst & Jiggins, 2000), mais on peut facilement trouver des espèces avec des bactéries *male-killer* présentant des prévalences élevées (50 % ou plus, voir Hurst & Jiggins, 2000). Il existe de nombreuses synthèses sur les différents effets de ces bactéries et autres micro-organismes transmis d'une génération à l'autre (O'Neill *et al.*, 1997), particulièrement les *Wolbachia* (Hurst, 1991 ; Rousset & Raymond, 1991 ; Engelstädter & Hurst, 2009).

LA POLITIQUE DU CHIMPANZÉ. Le nombre de lignées paternelles (classe de demi-sœurs chez les ouvrières) dans une ruche a été mesuré par

Estoup *et al.* (1994) dans la sous-espèce européenne d'abeille (*Apis melli-fera mellifera*). On peut trouver des nombres plus importants dans d'autres sous-espèces, comme pour l'abeille du cap (*A. m. capensis*), par exemple, jusqu'à 44 lignées paternelles (Moritz *et al.*, 1996). Ces diffé-rentes lignées paternelles de la même ruche présentent de fortes diffé-rences pour les hydrocarbures cuticulaires, probable base de leur reconnaissance (Arnold *et al.*, 1996). Comme pour tous les hyméno-ptères, les femelles (reine et ouvrières) sont diploïdes et les mâles haploïdes. Un œuf non fécondé est donc haploïde. Lorsqu'il est pondu par une ouvrière (1 ouvrière sur 10 000 possède des ovaires suffisam-ment développés pour pondre), il est reconnu comme tel par les autres ouvrières et éliminé (Ratnieks, 1993a). Cette élimination s'explique par les proximités génétiques (coefficient de parenté entre parenthèses). Une ouvrière est plus proche de son fils (0,5) que de son frère (0,25), elle va avoir tendance à pondre ses propres œufs plutôt qu'à élever un descen-dant haploïde de sa mère. Si la reine n'a copulé qu'avec un seul mâle, toutes les ouvrières ont le même père, et chacune est plus proche de son fils (0,5) ou de son neveu (0,375) que de son frère (0,25) : dans ces condi-tions, aucune n'a intérêt à élever un frère. Par contre, si la mère a copulé avec au moins deux mâles, les différentes lignées paternelles d'ouvrières ont des intérêts divergents, car chacune est plus proche de son frère (0,5) que du fils de sa demi-sœur (0,125). Les ouvrières de chaque lignée éli-minent donc les œufs des ouvrières des autres lignées (Hamilton, 1972 ; Ratnieks, 1988, 1993b ; Crozier & Pamilo, 1996). Sur la distribution des fécondations multiples chez les insectes sociaux, voir Page Jr (1986). Pour l'infanticide chez les animaux, voir Hrdy (1979), Hausfater & Hrdy (1984) et Van Schaik & Janson (2000). L'infanticide des jeunes enfants chez les Tikopia et Yanomamö est décrit dans Daly & Wilson (1984), voir aussi Daly & Wilson (1988) pour une synthèse générale dans l'espèce humaine. Chez les suricates, la femelle dominante contrôle 80 % de la reproduction ; le reste n'est pas une concession qu'elle ferait à ses subor-données, c'est une partie qui lui échappe (Clutton-Brock *et al.*, 2001). Le système politique des chimpanzés est décrit par de Waal (1986, 1989), la concession des copulations en échange d'un soutien politique est expli-quée dans Duffy (2007). Le système politique des guêpes *Polistes gallicus* est décrit par Pardi (1948). Sur la règle de fratricide à l'avènement d'un nouveau roi, voir Vatin & Veinstein (2003) ; la quantification des fratri-cides provient d'Ekrem Bugra Ekinci, professeur d'histoire du droit de l'Université de Marmara, voir *Fratricide in Ottoman Laws*, disponible à http://www.ekrembugraekinci.com/makaleler.asp ?id=2. Sur l'avantage reproductif que représente la position sociale dominante pour les mâles chez les animaux, voir la synthèse de plus de 700 études de Ellis (1995).

Quand la migration entrave l'adaptation. L'explosion du réacteur de la centrale de Tchernobyl a eu lieu le 26 avril 1986 et a pollué environ 200 000 km^2 en Europe. De nombreux radionucléides sont maintenant complètement inactifs (comme l'iode : ^{131}I). Persistent toutefois ceux ayant une demi-vie relativement longue, comme le césium ^{137}Cs (30 ans), le strontium ^{90}Sr (29 ans) et le plutonium ^{239}Pu (24 000 ans). La zone interdite autour de la centrale de Tchernobyl est de 2 044 km^2. Sur la biologie des hirondelles de cheminée *Hirundo rustica*, voir Møller (1994) et Turner (2004). Les quartiers d'hiver des individus d'Ukraine et de Russie se trouvent en Afrique du Sud (voir la fig. 1 de Møller *et al.*, 2006). Le stress oxydatif induit par les radiations ionisantes a été mesuré chez cette espèce (Bonisoli-Alquati *et al.*, 2010). L'albinisme partiel de l'hirondelle de cheminée, lié au rayonnement ionisant, est associé à de nombreuses mutations dans la lignée germinale, ainsi qu'à une baisse de reproduction et de la survie (Ellegren *et al.*, 1997 ; Møller, 2001 ; Møller *et al.*, 2005, 2008). Le fonctionnement démographique déficitaire des populations de Tchernobyl (ou populations « puits », constamment alimentées par la migration d'individus issus de lieux non contaminés) est décrit dans Møller *et al.* (2005, 2006). Le désavantage en sélection sexuelle des individus irradiés peut s'apprécier dans Møller & Mousseau (2003). La sélection de lignées résistantes aux radiations ionisantes est décrite par exemple chez les bactéries (Witkin, 1947), la drosophile (Peng *et al.*, 1986), le charançon du coton (Enfield *et al.*, 1983), la souris domestique (Roderick, 1963), un campagnol (Il'enko & Krapivko, 1988 – en russe –, cité par Yablokov, 2009a), etc. Il a souvent été rapporté dans les médias, par exemple le documentaire d'Arte du 3 juillet 2010, *Tchernobyl, une histoire naturelle ?*, dont certaines images prétendument prises à Tchernobyl ont en fait été tournées en Allemagne (Møller, comm. pers.), que la faune et la flore sont revenues à leur état originel depuis que l'homme a quitté les lieux. Cette affirmation n'est confirmée par aucune étude scientifique : toutes montrent le contraire. Pour les effets sur la flore et la faune de la catastrophe de Tchernobyl, voir les synthèses dans Yablokov (2009b, 2009c), Møller *et al.* (2009a), Møller & Mousseau (2009b). Sur une synthèse théorique de la limitation de la sélection naturelle par la migration, voir Lenormand (2002). Pour la résistance aux insecticides chez le moustique *Culex pipiens* voir les notes de la section « La vitesse de la sélection naturelle » du chapitre 1. La date de ponte chez la mésange bleue a un déterminisme génétique, bien qu'un léger ajustement plastique soit possible (Perret *et al.*, 1989 ; Blondel *et al.*, 1990). Cette date semble sélectionnée pour que le besoin maximal en nourriture des poussins (dix jours après l'éclosion) corresponde au pic de l'abondance de chenilles, celui-ci étant lié à la phénologie de l'arbre, qui est différente entre le chêne vert et le chêne pubescent (Dias & Blondel, 1996a). Le système source-puits entre les habitats de chêne vert et de chêne pubescent, fonctionnant de façon inversée entre la Corse et le continent, est décrit dans Blondel *et al.* (1992), Dias *et al.* (1994, 1996), Dias (1996), Dias & Blondel (1996b). Pour l'exemple du cerf à queue blanche (*Odocoileus virginianus*), voir Harveson *et al.* (2004), pour la gambusie (*Gambusia affinis*), voir Stearns & Sage (1980), pour le caribou (*Rangifer tarandus*), voir Bergerud (1988), et pour la moule (*Mytilus edulis*), voir Koehn *et al.* (1980), Hilbish (1985) et Hilbish & Koehn (1985).

LES COMPROMIS BLOQUENT L'OPTIMISATION. Les informations sur Jeanne Calment proviennent de Wikipédia (article « Jeanne Calment »). Pour l'allongement de longévité suite à une restriction calorique, voir Heilbronn & Ravussin (2003). Poids et longévité du protée proviennent de Voituron *et al.* (2010). Pour la longévité des insectes sociaux, voir Keller *et al.* (1997). La théorie pléiotropique de la sénescence est élaborée par Williams (1957) et Hamilton (1966), voir aussi Rose (1985), Kirkwood & Rose (1991) et Monaghan *et al.* (2008). L'augmentation de longévité et la réduction de fertilité (ou de viabilité des descendants) ont été montrées, entre autres, chez le ver *Caenorhabditis elegans* (Kenyon *et al.*, 1993 ; Walker *et al.*, 2000), la mouche *Drosophila melanogaster* (Rose, 1984 ; Kern *et al.*, 2001) et la souris *Mus musculus* (Biddle *et al.*, 1997). Pour une première synthèse sur les mesures de la pléiotropie, peut-être moins prépondérante que prévu, voir Wagner & Zhang (2011). Les effets délétères des gènes de résistance chez le moustique *Culex pipiens* ont été trouvés sur de nombreux traits (Chevillon *et al.*, 1997 ; Lenormand *et al.*, 1999 ; Lenormand & Raymond, 2000 ; Berticat *et al.*, 2004 ; Duron *et al.*, 2006).

LES PETITES POPULATIONS. Pour un résumé des connaissances sur le dodo, voir Staub (1996). Sur le massacre rapide des moas, voir Spears *et al.* (1992) et Holdaway & Jacomb (2000). Sur la perte de l'aptitude à voler chez les oiseaux, voir Roff (1994).

D'IMPROBABLES STADES INTERMÉDIAIRES. Les bernard-l'hermite (super-famille des *Paguroidea*) représentent un groupe monophylétique (Tsang *et al.*, 2008), dont les plus vieux fossiles datent du jurassique inférieur : voir la Table 1 de Spears *et al.* (1992) et Holdaway & Jacomb (2000).

Ils sont proches des vrais crabes ou brachyures (Spears *et al.*, 1992 ; Tsang *et al.*, 2008), mais l'ancêtre des bernard-l'hermite ne pouvait pas leur ressembler, car il devait nécessairement présenter un abdomen non replié sous le céphalothorax (comme tous les brachyures, dont les plus vieux représentants datent également du jurassique inférieur ; *cf.* Glaessner, 1969, p. R484). Le groupe des décapodes (dont font partie les *Paguroidea* et les brachyures) apparaît dans le registre fossile du trias inférieur, soit vers 250 millions d'années (Glaessner, 1969, p. R434-R435), époque où existaient depuis longtemps (début du cambrien) des coquilles de gastéropodes. La durée de 60 millions d'années entre l'apparition des décapodes et des *Paguroidea* est sûrement une sous-estimation, du fait de l'incertitude de la date des premiers décapodes : depuis la synthèse de Glaessner (1969), plusieurs fossiles de décapodes de l'ère primaire ont été décrits, suggérant que ce groupe aurait son origine au moins au dévonien supérieur (Feldmann, 2003), soit vers 360 millions d'années. Une analyse phylogénétique suggère une date plus ancienne (silurien), et une apparition des bernard-l'hermite 100 millions d'années plus tard (Porter *et al.*, 2005). Le groupe des bernard-l'hermite actuel comprend plus d'un millier d'espèces. Durant les ères secondaire et tertiaire, environ 30 groupes de tétrapodes sont indépendamment retournés dans le milieu marin (Callaway & Nicholls, 1997) ; pour les ichthyosaures, mosasaures et autres reptiles marins de l'ère secondaire, voir Bardet (1995). Les poissons plats sont un groupe mono-phylétique (Verneau *et al.*, 1994 ; Pardo *et al.*, 2005), dont on trouve les premiers fossiles au début de l'ère tertiaire. Les poissons plats actuels sont des chasseurs à l'affût, et se nourrissent de poissons ; les données paléontologiques suggèrent que cela a aussi été le cas pour les premiers poissons plats : un spécimen fossile contient les restes d'un repas d'un poisson faisant la moitié de la taille de son prédateur (Friedman, 2008). La découverte de formes intermédiaires, particulièrement pour la migration des yeux, indique que le processus a été graduel (Friedman, 2008). Plusieurs espèces de poissons plats actuels sont connues pour

lever la tête de temps en temps afin de mieux voir leur proie (Stickney &
White, 1973) ; ce comportement permettrait d'utiliser les deux yeux chez
une forme intermédiaire dont l'œil de la face inférieure n'aurait pas
encore migré suffisamment. Le groupe de poissons plats (pleuronectiformes) comprend actuellement environ 60 espèces, dont la sole, la
limande, le carrelet, la plie, le flet, le turbot, la barbue, le flétan, etc.
Pour plus de détails sur les asymétries morphologiques des poissons
plats, voir Policansky (1982), Hubbs & Hubbs (1944) et Bürgin (1987).

COMPÉTITION ENTRE ESPÈCES. Sur le déplacement vers le nord de l'aire
de distribution des oiseaux en Europe, voir Thomas & Lennon (1999) ;
pour les papillons, voir Parmesan *et al.*, (1999) ; pour les plantes, voir
Lenoir *et al.* (2008). Pour une synthèse générale sur ces déplacements
d'espèces et les adaptations locales, voir par exemple Walther *et al.* (2002)
et Parmesan (2006), ou Bradshaw & Holzapfel (2008). Pour la chouette
hulotte dont la couleur évolue par sélection naturelle suite au changement climatique, voir Karell *et al.* (2011). Pour une discussion générale
sur les contraintes et la sélection naturelle, voir Reeve (1993).

Chapitre 4

Pour les mesures de divers paramètres physiques des fils d'araignée,
dont la résistance à la cassure par traction, voir Denny (1976), Foelix
(1982), p. 110, Osaki (1996) et Vollrath *et al.* (2001). La plus vieille araignée fossile a été trouvée dans des couches du silurien supérieur datant
de 420 millions d'années (Dunlop, 1996). Pour l'estimation du nombre
actuel d'espèces d'araignées, un inventaire en ligne en recense plus de
42 000 (http://research.amnh.org/iz/spiders/catalog/COUNTS.html,
consulté avril 2011). Le fil d'araignée le plus résistant provient d'une
espèce de Madagascar de la famille des *Araneidae, Caerostris darwini*,
voir Agnarsson *et al.* (2011).

BIOMIMÉTISME. Pour une description détaillée de la structure de la
coquille de l'ormeau, voir Lin *et al.* (2005). Les protéines adhésives possèdent différents domaines morphologiques comme des boucles ou des
structures plus complexes, qui s'ouvrent au fur et à mesure de l'application de la force extérieure, et ainsi absorbent l'énergie de façon modulaire

(Smith *et al.*, 1999). Pour les applications de cette structure hautement résistante à la cassure, voir Groshong (2007) et Espinosa *et al.* (2011). Pour la mélanine de la peau comme écran aux UV, voir Jablonski & Chaplin (2000). Les fibres recouvrant les bractées de l'edelweiss (*Leontopodium nivale*) ont un diamètre proche de la longueur d'onde des UV. Cela permet une dissipation facilitée par des effets de diffraction, la conséquence étant une protection efficace pour les cellules sous-jacentes. Pour plus de détails techniques, voir Vigneron *et al.* (2007), dont est extraite la citation. Plusieurs espèces de hannetons du genre *Cyphochilus* sont d'une blancheur remarquable. Les écailles blanches qui recouvrent corps et pattes de ces insectes ont 5 µm (millièmes de millimètre) d'épaisseur : il n'existe aucune peinture ou matière industrielle qui puisse exhiber une telle blancheur sans nécessiter une épaisseur plus importante. Ces écailles sont constituées d'un réseau aléatoire en trois dimensions de filaments cuticulaires qui dispersent la lumière ; seulement 70 % du volume de l'écaille est remplie par les filaments, ce qui est optimal pour procurer la brillance la plus forte (Vukusic *et al.*, 2007 ; Luke *et al.*, 2010). Pour les applications développées à partir de l'étude de ce hanneton, voir Hallam *et al.* (2009). Pour les applications plus larges en optique de la biomimétique, voir Parker (2010). Au moins deux groupes de serpents ont développé la capacité de détection des proies par infrarouge : les crotales et les boas. En prenant en compte les données histologiques sur le nombre et l'organisation des neurones de l'organe de détection, Sichert *et al.* (2006) ont exploré mathématiquement les possibilités de traitement du signal. Le principe est que chaque récepteur induit une décharge dans le neurone qui lui est connecté, mais uniquement en fonction de l'état de tous les autres récepteurs. En réglant cette fonction d'interaction de façon adéquate, il est possible d'obtenir une image améliorée, à la condition que la membrane réceptrice ne soit pas trop épaisse, la limite étant 15 µm, ce qui est l'épaisseur observée chez les crotales. Il est suggéré que ce réglage se fait chez le jeune serpent, durant le jour, en minimisant les écarts entre ce qu'il voit par ses yeux et ce qu'il perçoit par cet organe, par une sorte d'apprentissage neuronal (Schwarzschild, 2006). La mouche *Ormia ochracea* (Tachinidae) cherche des grillons mâles pour y pondre ses œufs, et les localise par leurs chants, d'une fréquence d'environ 5 kHz (soit une longueur d'onde de 6,8 cm). La mouche mesurant moins de 1 centimètre, la seule information disponible pour la localisation se situe dans la différence temporelle interrécepteur, qui est au plus de 1,5 µs (millionième de seconde) pour une source située à 90°. Cette différence minuscule, qui ne peut être interprétée par le système nerveux (le seuil est au moins 10 fois plus élevé), est modifiée par un système original de couplage : en réponse à une onde sonore, la déformation de chaque récepteur est très peu différente, mais cette différence est amplifiée par la vibration de la membrane interrécepteur. Ce couplage entre les deux récepteurs permet au très faible signal d'être traité par le système nerveux, du fait de deux effets : une augmentation de la différence temporelle interrécepteur, qui passe de 1,5 à 55 µs, et une augmentation de la différence d'amplitude de vibration entre les deux récepteurs (Mason *et al.*, 2001). Pour une application permettant de concevoir des micros directionnels miniatures performants, voir Liu *et al.* (2010). Pour la comparaison des avantages et inconvénients des systèmes de forage chez l'homme et certaines guêpes foreuses (par exemple des ichneumonidés ou siricidés), voir Gouache *et al.* (2010). Pour le copiage du système d'injection des moustiques, voir Izumi *et al.* (2011). Pour les revêtements adhésifs directement copiés des pattes de gecko, voir Qu *et al.* (2008). Pour les essais d'un bateau propulsé par l'ondulation d'une membrane, voir Krylov & Porteus (2010). Pour l'imitation de la ligne latérale des poissons, voir Yang *et al.* (2010). L'imitation de la technique d'enfouissement des mollusques est décrite par Semeniuk (2008). Le Velcro est copié à partir du système d'accrochage du capitule de la bardane (plante du genre *Arctium*). Le point de fusion de la silice est de 1 730 °C, mais en ajoutant d'autres matériaux, on abaisse cette température à 1 400 °C. Les algues unicellulaires produisant des coques en verre sont les diatomées, qui sont maintenant étudiées pour des applications en nanotechnologie (Bradbury, 2004). Une comparaison des technologies humaines et de celles trouvées en biologie est décrite par Vincent *et al.* (2006). Pour d'autres d'exemples de biomimétisme, voir par exemple Mukherjee (2010).

COPIER LE PROCESSUS DE LA SÉLECTION NATURELLE. L'exemple de la construction d'horloges est de cdk007 (pseudonyme), voir l'illustration dans YouTube : *Evolution Is a Blind Watchmaker* (L'évolution est bien un horloger aveugle ; allusion au livre *The Blind Watchmaker* de Richard Dawkins) ; le programme source faisant évoluer les horloges est également disponible. Pour une introduction aux algorithmes génétiques, et plus généralement aux algorithmes évolutionnaires, voir Schoenauer (2010). Pour l'utilisation d'algorithmes génétiques en vue du réglage individuel d'implants cochléaires, voir Başkent *et al.* (2007). La solution par algorithme génétique trouvée en un jour et demi pour un patient, après dix ans de tâtonnements manuels, provient de Marks (2007). La citation sur l'antenne biscornue provient de Linden (2002). Pour un exemple d'évolution par sélection naturelle d'une antenne particulière pour satellite, voir Yu *et al.* (2009). Pour les détails sur le problème du voyageur de commerce, voir Wikipédia, ainsi que Coueque *et al.* (2002) pour l'approche par les algorithmes génétiques ; le nombre de trajets possibles pour n villes est $(n - 1)!$, soit $6{,}2.10^{23}$ possibilités (620 000 milliards de milliards) pour 25 villes. Pour l'optimisation du moteur à ions pour les missions spatiales, voir Farnell & Williams (2010) ; pour l'implant d'un stimulateur neuronal évoluant vers un signal permettant une économie d'énergie, voir Wongsarnpigoon & Grill (2010). L'apprentissage par sélection naturelle pour un mode de déplacement efficace de robots, avec possibilité de faire évoluer aussi les membres, est décrit dans Bongard (2011). Pour l'optimisation de la durée de vie des clefs USB, voir Marks (2007). Pour un résumé de l'utilisation de la sélection naturelle en chimie, voir Pascal (2010).

DÉTOURNER LE VIVANT À SES RISQUES ET PÉRILS. Les lignées de rats agressifs et domestiqués ont été étudiées pour le déterminisme génétique de cette différence de comportement (Albert *et al.*, 2009). La citation, issue de Nitcholls (2009), est de l'un des auteurs. La sélection des drosophiles pour leur mémoire est décrite par Mery *et al.* (2007), et pour une forme et une taille différentes d'aile par Weber (1990). Pour la sélection de résistance aux fortes températures chez les bactéries, voir par exemple Bennett *et al.* (1990, 1992). De très nombreuses expériences de sélection ont été faites sur la drosophile, par exemple concernant la taille des œufs (Schwarzkopf *et al.*, 1999), la résistance à l'hypoxie (Zhou *et al.*, 2011), le nombre de poils sur l'abdomen (Yoo, 1980a), la vitesse de vol (Weber, 1996), la vitesse de développement larvaire (Nunney, 1996), le degré d'asymétrie (on peut facilement sélectionner une plus grande asymétrie, mais pas l'orienter systématiquement d'un même côté, voir Tuinstra *et al.*, 1990), etc. Pour un regard critique sur ces sélections, voir Harshman & Hoofmann (2000). Sur les connaissances empiriques de la transmission des caractères, voir par exemple Springer & Keil (1989) et Richards & Ponder (1996), mais aussi Solomon *et al.* (1996). D'ailleurs, notre capacité à percevoir des ressemblances familiales, sélectionnée dans le cadre de nos interactions sociales, s'étend à d'autres espèces (Alvergne *et al.*, 2009). La connaissance du déterminisme de transmission du trait que l'on souhaite sélectionner permet de considérablement améliorer l'efficacité de la sélection, surtout dans le cas de traits quantitatifs ayant un déterminisme complexe, voir Dekkers & Hospital (2002) et Barton & Keightley (2002). La baisse de la taille des cerveaux des races domestiques est documentée dans Kruska (2005). La survie moyenne des races modernes de vaches est mentionnée par Royal *et al.* (2008), dont est extraite la citation qui date de 2001 et provient du résumé d'une réunion de spécialistes sur la fertilité des vaches laitières à forte productivité. Les corrélations négatives chez la vache entre les traits impliqués dans la production de lait et ceux impliqués dans la longévité ou la fertilité sont décrits dans MacNeil *et al.* (1984, 2009). Pour un exemple de traits d'histoire de vie (dont la longévité) d'une race traditionnelle, voir par exemple Bartosiewicz (1997). Les effets pléiotropiques des gènes récemment sélectionnés sont fréquents, comme chez la drosophile lors de la sélection d'un grand nombre de poils abdominaux (effets léthaux ; Yoo, 1980b) ; la sélection d'un développement larvaire rapide (poids adulte réduit de 15 %, fécondité femelle diminuée de 35 % ; Nunney, 1996). On n'en trouve d'ailleurs pas nécessairement (par exemple pour la sélection d'une grande vitesse de vol ; Weber, 1996). Les plantes adaptées aux régimes agricoles sont dites « messicoles ». Sur la résistance des plantes aux herbicides, voir Holt (1993), Darmency (1994) et (Heap, 1997). La variété de maïs Cytoplasme Texas possède un facteur cytoplasmique de stérilité mâle, ce qui évite l'étape de castration manuelle ou mécanique lors de la production de semences hybrides (voir l'entrée « Waxy corn » dans le Wikipedia anglais). Ces semences hybrides, plantées en masse en 1970, se sont avérées sensibles à l'helminthosporiose du maïs. Le lien entre la stérilité mâle et la sensibilité à l'helminthosporiose est assez fort : voir Levings III (1990).

Chapitre 5

LE SHERPA ET LE PYGMÉE. Les trois types d'adaptation à l'altitude que l'on rencontre respectivement au Tibet, en Éthiopie et dans les Andes, sont décrits dans Strohl (2008), Beall (2002, 2006) et Brutsaert (2010). Le premier gène impliqué dans la résistance à l'altitude chez les Tibétains, responsable de la non-augmentation des globules rouges, a été identifié récemment (Yi *et al.*, 2010). Pour les données montrant la reproduction différentielle en fonction de l'adaptation à l'altitude, voir Beall (2006) et Brutsaert (2010). Le record d'escalade de l'Everest, à partir du camp de base, est de 8 heures 10 minutes, voir http://fr.wikipedia.org/wiki/Everest. On connaît le nom et l'origine de 790 personnes mortes en tentant d'escalader un sommet de plus de 8 000 mètres. La plupart (699) sont mortes accidentellement (avalanche, épuisement, chute, tempête, défaillance du matériel, etc.), mais une petite fraction (91) est morte du fait de l'altitude (œdème, embolie pulmonaire, etc.). On trouve significativement (test exact de Fisher bilatéral, 2×2, $P < 0,022$), deux fois moins de Sherpas dans cette seconde catégorie (6,1 %) que dans la première (12,8 %), ce qui s'explique par leur adaptation spécifique aux hautes altitudes (données issues de http://www.8000ers.com/cms/ et consultées le 18 juillet 2011). Les Sherpas ne sont pas tous – ni totalement – résistants, ce qui s'explique par la sélection toujours en cours (Beall, 2006), sans oublier que ces hauteurs extrêmes (supérieures à 8 000 mètres) ne représentent pas leur altitude de vie habituelle. Pour la couleur de la peau comme adaptation à la quantité d'UV, voir Jablonski & Chaplin (2000) et Jablonski (2010). Pour la couleur de la peau de Neandertal, voir Lalueza-Fox *et al.* (2007) ; il s'agit d'ailleurs d'une mutation indépendante de celle qui est apparue plus tard chez *Homo sapiens*. Les conséquences de cette adaptation locale pour la médecine sont décrites p. 64 dans Raymond (2008). La variation corporelle en fonction de la latitude est connue sous le nom de règle de Bergmann, valable pour les mammifères et les oiseaux (Meiri & Dayan, 2010). L'explication traditionnelle de réduction du rapport surface/poids pour une plus grande taille est certainement valable, mais incomplète ; voir par exemple Ashton & Feldman (2003). Quoi qu'il en soit, il s'agit bien d'une réponse adaptative au froid, résultat d'une sélection naturelle. L'espèce humaine semble également bien suivre la règle de Bergmann, voir Szathmary (1984), Holliday & Hilton (2010) et Leonard & Katzmarzyk (2010). La citation provient de Szathmáry (1984) p. 66. Pour une revue des différences physiologiques entre Inuits et Européens, dont la résistance au froid, la vitesse de réchauffement des mains et la répartition des glandes sudoripares, ainsi que les preuves suggérant une origine génétique de ces différences, voir Szathmary (1984). Les Pygmées d'Afrique de l'Ouest ont une origine unique (vers 2 800 BP), et se sont différenciés suite à leur isolement qui a suivi l'expansion des groupes d'agriculteurs (Verdu *et al.*, 2009). L'hypothèse de la taille réduite comme conséquence indirecte d'une reproduction plus précoce, sélectionnée dans un environnement hostile, est proposée par Migliano *et al.* (2007). Voir Becker *et al.* (2010) pour une critique et Froment (1993) pour une vision générale. Pour l'émergence de la malaria lors de la révolution néolithique, et les adaptations spécifiques des moustiques au milieu humain (comme l'endophilie et l'anthropophilie), voir Bruce-Chwatt & de Zulueta (1980), Colluzzi (1999) et Costantini *et al.* (1999). Pour les gènes de résistance à la malaria, voir Tishkoff *et al.* (2001). La résistance génétique au Kuru est décrite par Mead *et al.* (2009). Notons que le même phénomène s'est produit en Europe, lorsque les vaches d'élevage ont été nourries avec des restes d'autres vaches (ce qui les a rendues partiellement « anthropophages » ou plutôt boviphages) : il en est résulté l'épidémie de la « vache folle » stoppée rapidement par l'abattage des troupeaux et l'élimination de la nourriture contaminée (ce qui n'a pas permis la sélection naturelle de variants résistants chez les vaches). La culture de plantes riches en amidon a permis de sélectionner un plus grand nombre de copies de l'amylase salivaire, voir Perry *et al.* (2007). Sur le piment et la capsaïcine, voir Nabhan (2004). Pour la particularité de la flore intestinale des Japonais en rapport avec leur consommation d'algues (en moyenne 14,2 grammes par personne et par jour), voir Hehemann *et al.* (2010). Pour d'autres exemples d'adaptations alimentaires, voir Krebs (2009), Nabban (2004), le chapitre 1 de Raymond (2008) et Patin & Quintana-Murcie (2008). Pour des exemples de pratiques médicales qui doivent s'ajuster à l'origine ethnique du patient, voir Raymond (2008), p. 62-64 et 177-178. Pour un exemple d'études génomiques qui confirme les différences génétiques adaptatives entre les groupes humains, voir The International HapMap Consortium (2005), Hawks (2007) et Barreiro *et al.* (2008) ; pour des études longitudinales qui montrent la sélection de traits d'histoire de vie pour des populations contemporaines, voir Milot *et al.* (2011) et Stearns *et al.* (2010). Pour la couleur de la peau de Néandertal, voir Lalueza-Fox *et al.* (2007).

LA MÉDECINE SUPPRIME-T-ELLE LA SÉLECTION NATURELLE ? On connaît déjà de nombreux facteurs génétiques de résistance au sida (Restrepo *et al.*, 2011), dont un assez fréquent (16 % dans certaines populations du nord de l'Europe), sûrement du fait de la résistance qu'il confère (ou qu'il a conférée) vis-à-vis d'autres agents pathogènes, voir Hedrick & Verrelli (2006). Sur la prochaine génération d'antiviraux, voir Coghlan & MacKenzie (2011). La citation provient de Casanova (1962), vol. 12, p. 216. Il a été contaminé de nombreuses fois par des maladies vénériennes, dont au moins une fois par la syphilis, voir Notthafft (1913), cité par Rolleston (1934a), et aussi Rolleston (1917, 1934b). Sur la vaccination contre la fièvre jaune en Afrique, voir Monath & Nasidi (1993). Sur le rôle géopolitique des maladies parasitaires lors des guerres coloniales, voir McNeill (2006) pour le cas de la fièvre jaune. Pour les gènes de résistance à la malaria, voir Tishkoff *et al.* (2001). Les variétés de tomate-cerise, considérées comme proches des précurseurs sauvages, n'ont évidemment pas le problème du poids des fruits cassant les tiges. Pour la comparaison de la facilité d'accouchement entre l'espèce humaine et les autres primates, voir Lindburg (1982) et Bouhallier & Berge (2006). D'après ces auteurs, c'est la taille générale du bébé, et non seulement la taille de la tête, qui est le facteur compliquant l'accouchement chez l'espèce humaine. Pour l'avantage d'une grande taille (et du poids) à la naissance, voir Thomas *et al.* (2004) ; pour la résistance aux parasites, et pour les effets à l'âge adulte, voir Jasienska (2010) ainsi que Lucas *et al.* (1999). Sur le savoir des sages-femmes et la prise de contrôle de l'accouchement par les médecins, voir Rollet & Morel (2000) et Riddle (1992). Les données sur la fréquence des césariennes aux États-Unis en 2007 proviennent de Menacker & Hamilton (2010). Les causes de la disparition de la malaria en Europe de l'Ouest sont décrites dans Bruce-Chwatt & de Zulueta (1980). La longévité continue actuellement à augmenter en Europe (Leon, 2011). L'obésité est un état qui augmente la mortalité pour de nombreuses causes, dont les risques cardio-vasculaires et certains cancers, voir Berrington de Gonzalez *et al.* (2010). Aux États-Unis, la baisse de longévité moyenne du fait de l'épidémie d'obésité est prévue depuis plusieurs années, en dépit de la baisse du nombre de fumeurs ; voir Olshansky *et al.* (2005) et Stewart *et al.* (2009). Les données historiques et archéologiques indiquent que les cancers étaient bien moins fréquents auparavant ; voir David & Zimmerman (2010). Sur le nouvel eugénisme causé par le tri des embryons ou des fœtus, voir Gayon & Jacobi (2006).

QUELLE EST LA PLACE DE L'ÉVOLUTION CULTURELLE ? L'exemple de la sélection naturelle s'appliquant à la forme des bateaux est tiré de l'un des *Propos* d'Alain, « Selon Darwin », (Alain 1956). Pour les canoës polynésiens, voir Rogers & Ehrlich (2008).

LA SÉLECTION INDIVIDUELLE. La diffusion de l'agriculture en Europe est conjointe à celle des gènes, particulièrement pour le chromosome Y (Sokal *et al.*, 1991 ; Chikhi *et al.*, 2002 ; Pinhasi *et al.*, 2005 ; Balaresque *et al.*, 2010) ; il en va de même en Inde (Cordaux *et al.*, 2004 ; Thanseem *et al.*, 2006). Sur l'abondance actuelle du chromosome Y de Genghis Khan et de sa dynastie en Asie, voir Zerjal *et al.* (2003) et Derenko *et al.* (2007).

Sur les traces génétiques des conquistadors en Amérique, voir Bonilla *et al.* (2004). La même chose s'est produite avec les Noirs américains : les maîtres blancs utilisaient leurs esclaves noires pour se reproduire (Lind *et al.*, 2007). L'analyse du rôle de la polygamie chez les mormons, particulièrement au tout début, est faite de façon fouillée par Faux & Miller (1984). Dans le Coran, la limite de quatre épouses se trouve dans la sourate IV (« Les femmes »), verset 3. En ce qui concerne spécifiquement les femmes du Prophète, les règles sont décrites dans la sourate XXXIII, versets 50-52 ; il y est spécifié, alors qu'il a déjà neuf épouses (liste détaillée dans Dermenghem, 2003, p. 52-53), qu'il ne peut en prendre de supplémentaires. Pour une description générale des règles de vie des premières communautés ou sectes chrétiennes, qui étaient mixtes, voir Mordillat & Prieur (2004), p. 119-127.

Au nom de la lignée. Sur la primogéniture comme stratégie reproductive et les différentes façons de constituer une réserve d'héritier, voir Hrdy & Judge (1993). Sur son existence dans les premières sociétés très inégalitaires (Incas, Égyptiens, Babyloniens, Chine, etc.), voir Betzig (1993). Les références historiques des tailles de harems se trouvent dans Betzig (1986, 1993, 2009a, 2009b) et Dickemann (1979), voir aussi les références du chapitre 3 de Raymond (2008). L'échange des femmes se pratiquait par exemple entre les Habsbourg d'Autriche et les Habsbourg d'Espagne ; globalement, l'échange des femmes était orienté, pour les Habsbourg, vers une stratégie de lignage permettant de récupérer des territoires par le jeu des transmissions (Godelle, comm. pers.). Pour l'exemple de la primogéniture chez les colons de la Nouvelle-Angleterre, voir Hrdy & Judge (1993).

Au nom du groupe. Le passage relatant la fission d'un groupe du fait de conflits internes est un exemple fictif. Le processus dynamique de compétition aboutissant à la formation des États est proposé par Carneiro (1970) ; l'exemple des vallées péruviennes (exactement 78) dominées finalement par les Incas y est bien développé ; voir aussi Diamond (1999) et Petersen & Skaaning (2010) pour les conditions bio-géographiques qui favorisent l'émergence des grandes sociétés hiérarchisées. Le type de dieu (moralisateur ou non, avec aussi des positions intermédiaires), pour chaque société, est répertorié dans les grands atlas anthropologiques, comme par exemple l'*Ethnographical Atlas* (Murdock,

1967) ou le *Standard Cross Cultural Sample* (Barry III & Schlegel, 1980). L'hypothèse que les dieux moralisateurs diminuent les conflits internes et les fissions, et donnent ainsi un avantage lors les conflits externes, est présentée et testée par Roes & Raymond (2003).

BIOLOGIE ET CULTURE. Sur la domestication d'animaux comme source des principales maladies épidémiques, voir Dobson & Carper (1996), Wolfe *et al.* (2007), et le chapitre 11 de Diamond (1999). Attention cependant, ce n'est pas une règle générale : la tuberculose serait une ancienne maladie humaine, passée aux animaux domestiques (Wirth *et al.*, 2008). Sur les comportements hygiénistes chez les insectes sociaux, voir Rothenbuhler (1964) et Spivak (1997). Sur la médication antiparasite collective de certaines fourmis et termites, voir respectivement Christe *et al.* (2003) et Henderson *et al.* (1998). Sur les grands changements alimentaires de l'après-guerre, voir le chapitre 1 de Raymond (2008). Pour la transmission culturelle du lavage des patates douces, ainsi qu'une analyse générale de la transmission culturelle chez le macaque japonais, voir Kawamura (1959). Les études de choix (dans les situations expérimentales) montrent que pour les choses socialement visibles (salaire, attractivité ou intelligence, etc.), la valeur relative aux autres est la plus importante, même au détriment de la valeur absolue (Solnick & Hemenwa, 1998 ; Grolleau & Saïd, 2008). Cela explique pourquoi les enquêtes révèlent que le bonheur n'augmente pas, même s'il y a une augmentation des richesses (Easterlin, 1995 ; Hsee *et al.*, 2009 ; Pérez-Asenjo, 2011) : ce n'est pas la richesse dans l'absolu qui est recherchée, c'est une plus grande richesse relative. Évidemment, si tout le monde cherche à posséder plus, en moyenne, que les autres, cela conduit à une augmentation globale, ce qui entretient la course et maintient la frustration de ne pas surpasser ses voisins. Pour une synthèse sur la reproduction différentielle chez les animaux, voir Ellis (1995). *Unité de l'homme, diversité des cultures* est le titre du rapport de conjoncture 2004 de la section du CNRS vouée à l'anthropologie (section 38 : « Sociétés et cultures : approches comparatives ») ; il est disponible en ligne : http://www.cnrs.fr/comitenational/doc/rapport/2004/rapport/sections/0823-0836-Chap38.pdf.

Références citées

Agnarsson I., Kuntner M., Blackledge T. A., « Bioprospecting finds the toughest biological material : Extraordinary silk from a giant riverine orb spider », *PLoS ONE*, 2011, 5, p. e11234.

Alain, *Selon Darwin. Propos du 1er septembre 1908*, Paris, Gallimard, 1956.

Albert F. W., Carlborg Ö., Plyusnina I., Besnier F., Hedwig D., Lautenschläger S., Lorenz D., McIntosh J., Neumann C., Richter H., Zeising C., Kozhemyakina R., Shchepina O., Kratzsch J., Trut L., Teupser D., Thiery J., Schöneberg T., Andersson L., Pääbo S., « Genetic architecture of tameness in a rat model of animal domestication », *Genetics*, 2009, 182, p. 541-554.

Allen J. A., « Frequency-dependent selection by predators », *Philosophical Transactions of the Royal Society of London B*, 1988, 319, p. 485-503.

Allende L. M., Rubio I., Ruiz-del-Valle V., Guillén J., Martinez-Laso J., Lowry E., Varela P., Zamora J., Arnaiz-Villena A., « The old world sparrows (genus *Passer*) phylogeography and their relative abundance of nulear mtDNA pseudogenes », *Journal of Molecular Evolution*, 2001, 53, p. 144-154.

Altringham J. D., *Bats. Biology and Behaviour*, Oxford, Oxford University Press, 1996.

Alvergne A., Huchard E., Caillaud D., Charpentier M. J. E., Setchell J. M., Ruppli C., Féjan D., Martinez L., Cowlishaw G., Raymond M., « Human ability to visually recognize kin within primates », *International Journal of Primatology*, 2009, 30, p. 199-210.

Andersson D. I., « The biological cost of mutational antibiotic resistance : Any practical conclusions ? », *Current Opinion in Microbiology*, 2006, 9, p. 461-465.

Andrade M. C. B., « Sexual selection for the male sacrifice in the Australian redback spider », *Science*, 1996, 271, p. 70-72.

Anonyme, « Le sous-marin du lac », *La Hulotte*, 1995, 71, p. 1-52.

Antonovics J., Bradshaw A. D., Turner R. G., « Heavy metal tolerance in plants », *Advances in Ecological Research*, 1971, 7, p. 1-85.

Armour R., Paskins K., Bowyer A., Vincent J., Megill A., « Jumping robots : A biomimetic solution to locomotion across rough terrain », *Bioinspiration & Biomimetics*, 2007, 2, p. S65-S82.

Arnold G., Quenet B., Cornuet J.-M., Masson C., De Schepper B., Estoups A., Gasqui P., « Kin recognition in honeybees », *Nature*, 1996, 379, p. 498.

Arrow G. H., « A new genus of blind beetles of the family Lucanidae (Col.) », *Proceedings of the Royal Entomological Society of London. Series B, Taxonomy*, 2009, 9, p. 93-96.

Ashton K. G., Feldman C. R., « Bergmann's rule in nonavian reptiles : Turtles folow it, lizards and snakes reverse it », *Evolution*, 2003, 57, p. 1151-1163.

Avise J., Nelson W. S., Sibley C. G., « DNA sequence support for a close phylogenetic relationship between some storks and New World vultures », *Proceedings of the National Academy of Sciences, USA*, 1994, 91, p. 5173-5177.

Balaresque P., Bowden G. R., Adams S. M., Leung H. Y., King T. E., Rosser Z. H., Goodwin J., Moisan J. P., Richard C., Millward A., Demaine A. G., Barbujani G., Previdere C., Wilson I. J., Tyler-Smith C., Jobling M. A., « A predominantly neolithic origin for European paternal lineages », *PLoS Biology*, 2010, 8, p. e1000285.

Baquero F., Alvarez-Ortega C., Martinez J. L., « Ecology and evolution of antibiotic resistance », *Environmental Microbiology Reports*, 2009, 1, p. 469-476.

Bardet N., « Evolution et extinction des reptiles marins au cours du mésozoïque », *Palaeovertebrata*, 1995, 24, p. 177-283.

Barreiro L. B., Laval G., Quach H., Patin E., Quintana-Murci L., « Natural selection has driven population differentiation in modern humans », *Nature Genetics*, 2008, 40, p. 340-345.

Barry III H., Schlegel A. (éd.), *Cross-Cultural Samples and Codes*, Pitsburgh, Pa, University of Pittsburgh Press, 1980.

Bartholomew G. A., « Endothermy in African dung beetles during flight, ball making, and boll rolling », *Journal of Experimental Biology*, 1978, 73, p. 65-83.

Barton N. H., Keightley P. D., « Understanding quantitative genetic variation », *Nature Reviews Genetics*, 2002, 3, p. 11-21.

Bartosiewicz L., « The Hungarian Grey cattle : A traditional European breed », *Agri*, 1997, 21, p. 49-60.

Başkent D., Eiler C. L., Edwards B., « Using genetic algorithms with subjective input from human subjects : Implications for fitting hearing aids and cochlear implants », *Ear & Hearing*, 2007, 28, p. 370-380.

Beall C. M., « Andean, Tibetan, and Ethiopian patterns of adaptation to high-altitude hypoxia », *Integrative and Comparative Biology*, 2006, 46, p. 18-24.

Beall C. M., Decker M. J., Brittenham G. M., Kushner I., Gebremedhin A., Strohl K. P., « An Ethiopian pattern of human adaptation to high-altitude hypoxia », *Proceedings of the National Academy of Sciences, USA*, 2002, 99, p. 17215-17218.

Beaumont A., Cassier P., *Biologie animale. Les chordés, anatomie comparée des vertébrés*, Paris, Dunod, 1978.

Beaumont A., Cassier P., *Biologie animale. Des protozoaires aux métazoaires épithélioneuriens*, Paris, Dunod, 1981, tome 1.

Becker N. S., Verdu P., Hewlett B., Pavard S., « Can life history trade-offs explain the evolution of short stature in human pygmies ? A response to Migliano *et al.* (2007) », *Human Biology*, 2010, 82, p. 17-27.

Beja-Pereira A., Luikart G., England P. R., Bradley D. G., Jann O. C., Bertorelle G., Chamberlain A. T., Nunes T. P., Metodiev S., Ferrand N., Erhardt G., « Gene-culture coevolution between cattle milk protein protein genes and human lactase genes », *Nature Genetics*, 2003, 35, p. 311-313.

Benkman C. W., « On the advantage of crossed mandibles : an experimental approach », *Ibis*, 1988, 130, p. 288-293.

Benkman C. W., « Are the ratio of bill crossing morphs in crossbills the result of frequency-dependent selection ? », *Evolutionary Ecology*, 1996, 10, p. 119-126.

Bennet A. F., Lenski R. E., Mittler J. E., « Evolutionary adaptation to temperature. I. Fitness responses of *Escherichia coli* to changes in its thermal environment », *Evolution*, 1992, 46, p. 16-30.

Bennett A. F., Dao K. M., Lenski R. E., « Rapid evolution in response to high-temperature selection », *Nature*, 1990, 346, p. 79-81.

Benton M. J., *Vertebrate Palaeontology*, Londres, Harper Collins Academic, 1990.

Berdoy M., Webster J. P., Macdonald D. W., « Fatal attraction in rats infected with *Toxoplasma gondii* », *Proceedings of the Royal Society of London B*, 2000, 267, p. 1591-1594.

Bergerud A. T., « Caribou, wolves and man », *Trends in Ecology and Evolution*, 1988, 3, p. 68-73.

Bermùdez de Castro J. M., Bromage T. G., Fernàndez Jalvo Y., « Buccal striations on fossil human anterior teeth : Evidence of handedness in the middle and early Upper Pleistocene », *Journal of Human Evolution*, 1988, 17, p. 403-412.

Berrington de Gonzalez A., Hartge P., Cerhan J. R., Flint A. J., Hannan L., MacInnis R. J., Moore S. C., Tobias G. S., Anton-Culver H., Freeman L. B.,

Beeson W. L., Clipp S. L., English D. R., Folsom A. R., Freedman D. M., Giles G., Hakansson N., Henderson K. D., Hoffman-Bolton J., Hoppin J. A., Koenig K. L., Lee I. M., Linet M. S., Park Y., Pocobelli G., Schatzkin A., Sesso H. D., Weiderpass E., Willcox B. J., Wolk A., Zeleniuch-Jacquotte A., Willett W. C., Thun M. J., « Body-mass index and mortality among 1.46 million white adults », *The New England Journal of Medicine*, 2010, 363, p. 2211-2219.

Bersaglieri T., Sabeti P. C., Patterson N., Vanderploeg T., Schaffner S. F., Drake J. A., Rhodes M., Reich D. E., Hirschhorn J. N., « Genetic signatures of strong recent positive selection at the lactase gene », *American Journal of Human Genetics*, 2004, 74, p. 1111-1120.

Berthold P., Helbig A. J., Mohr G., Querner U., « Rapid microevolution of migratory behaviour in a wild bird species », *Nature*, 1992, 360, p. 668-670.

Berticat C., Duron O., Heyse D., Raymond M., « Insecticide resistance genes confer a predation cost on mosquitoes, *Culex pipiens* », *Genetical Research*, 2004, 83, p. 189-196.

Betzig L. « Sex, succession, and stratification in the first six civilizations : How powerful men reproduced, passed power on to their sons, and used power to defend their wealth, women, and children », *in* L. Ellis (éd.), *Social Stratification and Socioeconomic Inequality*, vol. 1 : *A Comparative Biosocial Analysis*, Westport, Connecticut, Praeger, 1993, p. 37-74.

Betzig L., « But what is government itself but the greatest of all reflections on human nature ? », *Politics and the Life Sciences*, 2009a, 28, p. 102-105.

Betzig L., « Sex and politics in insects, crustaceans, birds, mammals, the ancient Near East and the Bible », *Scandinavian Journal of the Old Testament*, 2009b, 23, p. 208-232.

Betzig L. L., *Despotism and Differential Reproduction. A darwinian view of history*, New York, Aldine, 1986.

Biddle F. G., Eden S. A., Rossler J. S., Eales B. A., « Sex and death in the mouse : Genetically delayed reproduction and senescence », *Genome*, 1997, 40, p. 229-235.

Billiard S., Faurie C., Raymond M., « Maintenance of handedness polymorphism in humans : A frequency-dependent selection model », *Journal of Theoretical Biology*, 2005, 235, p. 85-93.

Blackledge T. A., Gillepsie R., « Convergent evolution of behavior in an adaptative radiation of Hawaiian web-building spiders », *Proceedings of the National Academy of Sciences, USA*, 2004, 101, p. 16228-16233.

Bleay C., Comendant T., Sinervo B., « An experimental test of frequency-dependent selection on male mating strategy in the field », *Proceedings of the Royal Society of London B*, 2007, 274, p. 2019-2025.

Blondel J., Perret P., Maistre M., « On the genetical basis of the laying-date in an island population of blue tits», *Journal of Evolutionary Biology*, 1990, 3, p. 469-475.

Blondel J., Perret P., Maistre M., Dias P. C., «Do harlequin mediterranean environments function as source sink for blue tits (*Parus caeruleus* L.)?», *Landscape Ecology*, 1992, 6, p. 213-219.

Bocquet A., *Ils vivaient il y a 5000 ans à Charavines (Isère)*, Grenoble, Centre de documentation de la préhistoire alpine, 1978.

Bongard J., «Morphological change in machines accelerates the evolution of robust behavior», *Proceedings of the National Academy of Sciences, USA*, 2011, 108, p. 1234-1239.

Bonilla C., Bertoni B., González S., Cardoso H., Brum-Zorrilla N., Sans M., «Substantial native American female contribution to the population of Tacuarembó, Uruguay, reveals past episodes of sex-biased gene flow», *American Journal of Human Biology*, 2004, 13, p. 289-297.

Bonisoli-Alquati A., Mousseau T. A., Møller A. P., Caprioli M., Saino N., «Increased oxidative stress in barn swallows from the Chernobyl region», *Comparative Biochemistry and Physiology, Part A*, 2010, 155, p. 205-210.

Bouhallier J., Berge C., «Analyse morphologique et fonctionnelle du pelvis des primates catarrhiniens: conséquences pour l'obstétrique», *Comptes rendus Palevol*, 2006, 5, p. 551-560.

Bradbury J., «Nature's nanotechnologists: Unveiling the secrets of Diatoms», *PloS Biology*, 2004, 2, p. 1512-1515.

Bradshaw W. E., Holzapfel C. M., «Genetic response to rapid climate change: It's seasonal timing that matters», *Molecular Ecology*, 2008, 17, p. 157-166.

Bretman A., Tregenza T., «Strong, silent types: The rapid, adaptive disappearance of a sexual signal», *Trends in Ecology and Evolution*, 2007, 22, p. 226-228.

Brinton D. G., «Left-handedness in North American aboriginal art», *American Anthropologist*, 1896, 9, p. 175-181.

Brooks R., Bussière L. F., Jennions M. D., Hunt J., «Sinister strategies succeed at the cricket world cup», *Proceedings of the Royal Society of London B (Suppl.)*, 2003, p. 1-3.

Bruce-Chwatt L. J., de Zulueta J., *The Rise and Fall of Malaria in Europe. A historico-epidemiological study*, Londres, Oxford University Press, 1980.

Brutsaert T. D. «Human adaptation to high altitude», *in* M. P. Muehlenbein (éd.), *Human Evolutionary Biology*, Cambridge, Cambridge University Press, 2010, p. 170-191.

Burger J., Kirchner M., Bramanti B., Haak W., Thomas M. G., «Absence of the lactase-persistence-associated allele in early Neolithic Europeans», *Proceedings of the National Academy of Sciences, USA*, 2007, 104, p. 3736-3741.

Bürgin T., « Asymmetry and functional design – The pharyngeal jaw apparatus in soleoid flatfishes (Pisces ; pleuronectiformes) », *Netherlands Journal of Zoology*, 1987, 37, p. 322-364.

Caldwell M. W., Lee M. S. Y., « A snake with legs from the marine Cretaceous of the Middle East », *Nature*, 1997, 386, p. 705-709.

Callaway J. M., Nicholls E. L. (éd.), *Ancient Marine Reptiles*, San Diego, Academic Press, 1997.

Cameron R. A. D., Cook L. M., « The development of diversity in the land snail fauna of the Madeiran archipelago », *Biological Journal of the Linnean Society*, 1992, 46, p. 105-114.

Capron C., Duyme M., « Assesment of effects of socio-economic status on IQ in a full cross-fostering study », *Nature*, 1989, 340, p. 552-554.

Carneiro R. L., « A theory of the origin of the state », *Science*, 1970, 169, p. 733-738.

Casanova J., *Histoire de ma vie*, Wiesbaden, Blockhaus, 1962.

Cavalli-Sforza L. L., Feldman M. W., *Cultural Transmission and Evolution : A quantitative approach*, New Jersey, Princeton University Press, 1981.

Cavalli-Sforza L. L., Feldman M. W., Chen K. H., Dornbush S. M., « Theory and observation in cultural transmission », *Science*, 1982, 218, p. 19-27.

Chapman T. W., Crespi B. J., Kranz B. D., Schwarz M. P., « High relatedness and inbreeding at the origin of eusociality in gall-inducing thrips », *Proceedings of the National Academy of Sciences, USA*, 2000, 97, p. 1648-1650.

Check E., « Human evolution : How Africa learned to love the cow », *Nature*, 2006, 444, p. 994-996.

Chevillon C., Bourguet D., Rousset F., Pasteur N., Raymond M., « Pleiotropy of adaptive changes in populations : comparisons among insecticide resistance genes in *Culex pipiens* », *Genetical Research*, 1997, 70, p. 195-203.

Chikhi L., Nichols R. A., Barbujani G., Beaumont M. A., « Y genetic data support the Neolithic demic diffusion model », *Proceedings of the National Academy of Sciences, USA*, 2002, 99, p. 11008-11013.

Christe P., Oppliger A., Bancalà F., Castella G., Chapuisat M., « Evidence for collective medication in ants », *Ecology Letters*, 2003, 6, p. 19-22.

Clement P. « Family Fringillidae (finches), species accounts », *in* R. Mascort, J. Del Hoyo, R. Mascort Brugarolas, C. Pascual, P. Ruiz-Olalla, J. Sargatal (éd.), *Handbook of the Birds of the World*, Barcelone, Lynx Edicions, 2010, vol. 15, p. 512-617.

Clutton-Brock T. H., Brotherton P. N. M., Russell A. F., O'Riain M. J., Gaynor D., Kansky R., Griffin A., Manser M., Sharpe L., McIlarath G. M., Small T., Moss A., Monfort S., « Cooperation, control and concession in Meerkat Groups », *Science*, 2001, 291, p. 478-481.

Coghlan A., MacKenzie D., « Daily pill can end HIV epidemic », *New Scientist*, 2011, 2822, p. 6-7.

Cohan F. M., King E. C., Zawadzki P., « Amelioration of the deleterious pleiotropic effects of an adaptive mutation in *Bacillus subtilis* », *Evolution*, 1994, 48, p. 81-95.

Coluzzi M., « The clay feet of the malaria giant and its African roots : hypotheses and inferences about origin, spread and control of *Plasmodium falciparum* », *Parassitologia*, 1999, 41, p. 277-283.

Cook L. M., Cameron R. A. D., Lace L. A., « Land snails of eastern Madeira : Speciation, persistence and colonization », *Proceedings of the Royal Society of London B*, 1990, 239, p. 35-79.

Cooper H. M., Herbin M., Nevo E., « Ocular regression conceals adaptive progression of the visual system in a blind subterranean mammal », *Nature*, 1993, 361, p. 156-159.

Cordaux R., Aunger R., Bentley G., Nasidze I., Sirajuddin S. M., Stonekingvv M., « Independent origins of Indian caste and tribal paternal lineages », *Current Biology*, 2004, 14, p. 231-235.

Costantini C., Sagnon N. F., della Torre A., Coluzzi M., « Mosquito behavioral aspects of vector-human interactions in the *Anopheles gambiae* complex », *Parassitologia*, 1999, 41, p. 209-217.

Coueque Y., Ohler J., Tollari S., « Algorithmes génétiques pour résoudre le problème du commis voyageur », http://lsis.univ-tln.fr/~tollari/TER/AlgoGen1, 2002.

Cowie R. H., « Evolution and extinction of *Partulidae*, endemic Pacific island land snails », *Proceedings of the Royal Society of London B*, 1992, 335, p. 167-191.

Crozier R. H., Pamilo P., *Evolution of Social Insects Colonies. Sex allocation and kin selection*, Oxford, Oxford University Press, 1996.

Currie C. R., Scott J. A., Summerbell R. C., Malloch D., « Fungus-growing ants use antibiotic-producing bacteria to control garden parasites », *Nature*, 1999, 398, p. 701-704.

Daly M., Wilson M. « A sociobiological analysis of human infanticide », *in* G. Hausfater, S. B. Hrdy (éd.), *Infanticide. Comparative and evolutionary perspectives*, New York, Aldine, 1984, p. 487-502.

Daly M., Wilson M., *Homicide*, New York, Aldine, 1988.

Darmency H. « Genetic of herbicide resistance in weeds and crops », *in* S. B. Powles, J. A. M. Holtum (éd.), *Herbicide Resistance in Plants*, Londres, Lewis Publishers, 1994, p. 263-297.

David R. A., Zimmerman M. R., « Cancer : An old disease, a new disease or something in between ? », *Nature Reviews Cancer*, 2010, 10, p. 728-733.

D'Costa V. M., King C. E., Kalan L., Morar M., Sung W. W. L., Schwarz C., Froese D., Zazula G., Calmels F., Debruyne R., Golding G. B., Poinar H.

N., Wright G. D., « Antibiotic resistance is ancient », *Nature*, 2011, 477, p. 457-461.

de Waal F., *Chimpanzee Politics. Power and sex among apes*, Londres, The Johns Hopkins University Press, 1989.

de Waal F. B. M., « The brutal elimination of a rival among captive male chimpanzees », *Ethology and Sociobiology*, 1986, 7, p. 237-251.

Dekkers J. C. M., Hospital F., « The use of molecular genetics in the improvement of agricultural populations », *Nature Reviews Genetics*, 2002, 3, p. 22-32.

Denny M., « The physical properties of spider's silk and their role in the design of orb-webs », *Journal of Experimantal Biology*, 1976, 65, p. 483-506.

Déom P., « La taupe », *La Hulotte*, 1993, 68-69, p. 1-86.

Derenko M. V., Malyarchuk B. A., Wozniak M., Denisova G. A., Dambueva I. K., Dorzhu C. M., Grzybowski T., Zakharov I. A., « Distribution of the male lineages of Genghis Khan's descendants in northern Eurasian populations », *Russian Journal of Genetics*, 2007, 43, p. 334-337.

Dermenghem E., *Mahomet et la tradition islamique*, Paris, Seuil, 2003.

Diamond J., « The biology of the wheel », *Nature*, 1983, 302, p. 572-573.

Diamond J., *Guns, Germs, and Steel. The fates of human societies*, New York, W. W. Norton & Company, 1999.

Dias P., Blondel J., « Breeding time, food supply and fitness of Blue Tits *Parus caeruleus* in Mediterranean habitats », *Ibis*, 1996a, 138, p. 644-649.

Dias P. C., « Sources and sinks in population biology », *Trends in Ecology and Evolution*, 1996, 11, p. 326-330.

Dias P. C., Blondel J., « Local specialization and maladaptation in Mediterranean blue tits *Parus caeruleus* », *Oecologia*, 1996b, 107, p. 79-86.

Dias P. C., Meunier F., Beltra S., Cartan-Son M., « Blue tits in Mediterranean habitat mosaics », *Ardea*, 1994, 82, p. 363-372.

Dias P. C., Verheyen G. R., Raymond M., « Source-sink populations in Mediterranean blue tits : Evidence using single-locus minisatellite probes », *Journal of Evolutionary Biology*, 1996, 9, p. 965-978.

Dickemann M., « Female infanticide, reproductive strategies, and social stratification : A preliminary model », *in* N. A. Chagnon, W. Irons (éd.), *Evolutionary Biology and Human Social Behavior. An anthropological perspective*, Belmont, CA, Duxbury Press, 1979, p. 321-367.

Diderot D., *Lettre sur les aveugles à l'usage de ceux qui voient*, Paris, Gallimard, 2009.

Diehl R. A., Mandeville M. D., « Tula, and the wheeled animal effigies in Mesoamerica », *Antiquity*, 1987, 61, p. 239-246.

Dobson A. P., Carper E. R., « Infection diseases and human population history », *Bioscience*, 1996, 46, p. 115-126.

Duffy J. E., « Eusociality in a coral-reef shrimp », *Nature*, 1996, 381, p. 512-514.

Duffy K. G., Wrangham R. W., Silk J. B., « Male chimpanzees exchange political support for mating opportunities », *Current Biology*, 2007, 17, p. R586-R587.

Dunlop J. A., « A trigonotarbid arachnid from the Upper Silurian of Shropshire », *Palaeontology*, 1996, 39, p. 605-614.

Duron O., Labbé P., Berticat C., Rousset F., Guillot S., Raymond M., Weill M., « High *Wolbachia* density correlates with cost of infection for insecticide resistant *Culex pipiens* mosquitoes », *Evolution*, 2006, 60, p. 303-314.

Duyme M., Dumaret A. C., Tomkiewicz S., « How can we boost IQs of "dull children" ? : A late adoption study », *Proceedings of the National Academy of Sciences, USA*, 1999, 96, p. 8790-8794.

Easterlin R. A., « Will raising the incomes of all increase the happiness of all ? », *Journal of Economic Behavior and Organization*, 1995, 27, p. 35-47.

Ekholm G. F., « Wheeled toys in Mexico », *American Antiquity*, 1946, 11, p. 222-228.

Ellegren H., Lindgren G., Primmer C. R., Møller A. P., « Fitness loss and germline mutations in barns swallows breeding in Chernobyl », *Nature*, 1997, 389, p. 593-596.

Ellis L., « Dominance and reproductive success among nonhuman animals : A cross-species comparison », *Ethology and Sociobiology*, 1995, 16, p. 257-333.

Enattah N. S., Jensen T. G. K., Nielsen M., Lewinski R., Kuokkanen M., Rasinpera H., El-Shanti H., Seo J. K., Alifrangis M., Khalil I. F., Natah A., Ali A., Natah S., Comas D., Mehdi S. Q., Groop L., Vestergaard E. M., Imtiaz F., Rashed M. S., Meyer B., Troelsen J., Peltonen L., « Independent introduction of two lactase-persistence alleles into human populations reflects different history of adaptation to milk culture », *The American Journal of Human Genetics*, 2008, 82, p. 57-72.

Enfield F. D., North D. T., Erickson R., Rotering L., « A selection response plateau for radiation resistance in the cotton boll weevil », *Theoretical and Applied Genetics*, 1983, 65, p. 277-281.

Engelstädter J., Hurst G. D. D., « The ecology and evolution of microbes that manipulate host reproduction », *Annual Review of Ecologie, Evolution and Systematics*, 2009, 40, p. 127-149.

Espinosa H. D., A. L. J., Latourte F. J., Loh O. Y., Gregoire D., Zavattieri P. D., « Tablet-level origin of toughening in abalone shells and translation to synthetic composite materials », *Nature Communications*, 2011, 2, p. 1-9.

Estoup A., Solignac M., Cornuet J.-M., « Precise assessment of the number of patrilines and of genetic relatedness in honeybee colonies », *Proceedings of the Royal Society of London B*, 1994, 258, p. 1-7.

Fabre J.-H., *Souvenirs entomologiques*, Paris, Robert Laffont, 1989, vol. I et II.

Farnell C. C., Williams J. D., « Ion thruster grid design using an evolutionary algorithm », *Journal of Propulsion and Power*, 2010, 26, p. 125.

Faurie C., Bonenfant S., Goldberg M., Hercberg S., Zins M., Raymond M., « Socio-economic status and handedness in two large cohorts of French adults », *British Journal of Psychology*, 2008, 99, p. 533-554.

Faurie C., Pontier D., Raymond M., « Student athletes claim to have more sexual partners than other students », *Evolution and Human Behavior*, 2004, 25, p. 1-8.

Faurie C., Raymond M., « Handedness frequency over more than 10,000 years », *Proceedings of the Royal Society of London B*, 2004, 271, p. S43-S45.

Faurie C., Raymond M., « Handedness, homicide and negative frequency-dependent selection », *Proceedings of the Royal Society of London B*, 2005, 272, p. 25-28.

Faurie C., Schiefenhövel W., Le Bomin S., Billiard S., Raymond M., « Variation in the frequency of left-handedness in traditional societies », *Current Anthropology*, 2005, 46, p. 142-147.

Faux S. F., Harold L. M., « Evolutionary speculations of the oligarchic development of Mormon polygyny », *Ethology and Sociobiology*, 1984, 5, p. 15-31.

Fedaku A., Shibre T., Cleare A. J., « Toxoplasmosis as a cause for behaviour disorders – Overview of evidence and mechanism », *Folia Parasitologica*, 2010, 57, p. 105-113.

Feist R., « The late devonian trilobite crises », *Historical Review*, 1991, 5, p. 197-214.

Feist R. « Effect of paedomorphosis in eye reduction on patterns of evolution and extinction in trilobites », *in* K. J. McNamara (éd.), *Evolutionary Change and Heterochrony*, New York, John Wiley & Sons, 1995, p. 225-244.

Feist R., Clarkson E. N. K., « Environmentally controlled phyletic evolution, blindness and extinction in Late Devonian tropidocoryphine trilobites », *Lethaia*, 1989, 22, p. 359-373.

Feldmann R. M., « The decapoda : New initiative and novel approaches », *Journal of Paleontology*, 2003, 77, p. 1021-1039.

Fidler A. E., Van Oers K., Drent P. J., Kuhn S., Mueller J. C., Kempenaers B., « Drd4 gene polymorphims are associated with personality variation in a passerine bird », *Proceedings of the Royal Society of London B*, 2007, 274, p. 1685-1691.

Fisher J., Hinde R. A., « The opening of milk bottles by birds », *British Birds*, 1949, 42, p. 347-357.

Fitzpatrick M. J., Feder E., Rowe L., Sokolowski M. B., « Maintaining a behaviour polymorphism by frequency-dependent selection on a single gene », *Nature*, 2007, 447, p. 210-213.

Flegr J., « Influence of latent toxoplasmosis on the phenotype of intermediate hosts », *Folia Parasitologica*, 2010, 57, p. 81-87.

Flegr J., Havlícek J., « Changes in personality profile of young women with latent toxoplasmosis », *Folia Parasitologica*, 1999, 46, p. 22-28.

Flegr J., Havlícek J., Kodym P., Malý M., Smahel Z., « Increased risk of traffic accidents in subjects with latent toxoplasmosis : a retrospective case-control study », *BMC Infectious Diseases*, 2002, 2, p. 1-13.

Flegr J., Hrdy I., « Influence of chronic toxoplasmosis on some human personality factors », *Folia Parasitologica*, 1994, 41, p. 122-126.

Flegr J., Klose J., Novotná1 M., Berenreitterová1 M., Havlíček J., « Increased incidence of traffic accidents in Toxoplasma-infected military drivers and protective effect RhD molecule revealed by a large-scale prospective cohort study », *BMC Infectious Diseases*, 2009, 9, p. 1-7.

Flegr J., Novotná M., Fialova A., Kolbeková P., Gašová Z., « The influence of RhD phenotype on toxoplasmosis- and age- associated changes in personality profile of blood donors », *Folia Parasitologica*, 2010, 57, p. 143-150.

Foelix R. F., *Biology of Spiders*, Harvard, Harvard University Press, 1982.

Fontana L., Shew J., Holloszy J., Villareal D., « Low bone mass in subjects on a long-term raw vegetarian diet », *Archives of International Medicine*, 2005, 165, p. 684-689.

Frayer D. M., Lozano M., Bermudez de Castro J. M., Carbonell E., Arsuaga J. L., Radovcic J., Fiore I., Bondioli L., « More than 500,000 years of right-handedness in Europe », *Laterality. Asymmetries of body, brain and cognition*, 2011, 14, p. 1-19.

Freeman H. D., Gosling S. D., « Personality in nonhuman primates : A review and evaluation of past research », *American Journal of Primatology*, 2010, 72, p. 653-671.

Friedman M., « The evolutionary origin of flatfish asymmetry », *Nature*, 2008, 454, p. 209-212.

Froment A., « Adaptation biologique et variation dans l'espèce humaine : le cas des Pygmées d'Afrique », *Bulletins et Mémoires de la Société d'anthropologie de Paris*, 1993, 5, p. 417-448.

Fromhage L., Kokko H., « Monogamy and haplodiploidy act in synergy to promote the evolution of eusociality », *Nature Commucations*, 2011, 397, p. 1-5.

Full R., Earls K., Wong M., Caldwell R., « Locomotion like a wheel », *Nature*, 1993, p. 495.

Garman H., « The origin of the cave fauna of Kentucky, with a description of a new blind beetle », *Science*, 1892, 20, p. 240-241.

Gayon J., Jacobi D. (éd.), *L'Éternel Retour de l'eugénisme*, Paris, Presses universitaires de France, 2006.

Georghiou G. P., Lagunes-Tejeda A., *The Occurrence of Resistance to Pesticides in Arthropods. An index of cases reported through 1989*, Rome, FAO, 2001.

Germonpré M., Sablin M. V., Stevens R. E., Hedges R. E. M., Hofreiter M., Stiller M., Després V. R., « Fossil dogs and wolves from Palaeolithic sites in Belgium, the Ukraine and Russia : Osteometry, ancient DNA and stable isotopes », *Journal of Archaeological Science*, 2009, 36, p. 473-490.

Gibbons A., « Food for thought : Did the first cooked meals help fuel the dramatic evolutionary expansion of the human brain ? », *Science*, 2007, 316, p. 1558-1560.

Gigord L. D. B., Macnair M. R., Smithson A., « Negative frequency-dependent selection maintains a dramatic flower color polymorphism in the rewardless orchid *Dactylorhiza sambucina* (L.) Soò », *Proceedings of the National Academy of Sciences, USA*, 2001, 98, p. 6253-6255.

Gillepsie R., « Community assembly through adaptative radiation in Hawaiian spiders », *Science*, 2004, 303, p. 356-359.

Gingerich P. D., Holly Smith B., Simons E. L., « Hind limbs of Eocene *Basilosaurus* : Evidence of feet in Whales », *Science*, 1990, 249, p. 154-157.

Gingerich P. D., Raza S. M., Arif M., Anwar M., Zhou X., « New whale from the Eocene of Pakistan and the origin of cetacean swimming », *Science*, 1994, 368, p. 844-847.

Glaessner M. F. « Decapoda », *in* R. C. Moore (éd.), *Treatise on Invertebrate Paleontology, part R, Arthopoda 4*, Geological Society of America, Boulder, Colorado et University of Kansas Press, Lawrence, 1969.

Goodman S. M. « Family Eupleridae (Madagascar carnivores) », *in* D. E. Wilson, R. A. Mittermeier (éd.), *The Mammals of the World, 1. Carnivores*, Barcelone, Lynx Edicions, 2009, p. 330-351.

Gouache T., Gao Y., Gourinat Y., Coste P. « Wood wasp inspired planetary and Earth drill », *in* A. Mukherjee (éd.), *Biomimetics, Learning from Nature*, Vukovar, Croatie, InTech, 2010, p. 467-486.

Grant B. R., Grant P. R., « Evolution of Darwin's finches cause by a rare climatic event », *Proceedings of the Royal Society of London B*, 1993, 251, p. 111-117.

Grant P. R., Grant B. R., « Predicting microevolutionary responses to directional selection on heritable variation », *Evolution*, 1995, 49, p. 241-251.

Grimaldi D., Engel M. S., *Evolution of the Insects*, Cambridge, Cambridge University Press, 2005.

Grolleau G., Saïd S., « Do you prefer having more or more than others ? Survey on positional concerns in France », *Journal of Economic Issues*, 2008, 42, p. 1145-1158.

Groothuis T. G. G., Carere C., « Avian personalities : Characterization and epigenesis », *Neuroscience and Biobehavioral Reviews*, 2005, 29, p. 137-150.

Groshong K., « Unbreakable. Nature's power of healing can be harnessed to create the toughest material ever », *New Scientist*, 2007, 9 juin, p. 43-45.

Grouios G., Tsorbatzoudis H., Alexandris K., Barkoulis V., « Do left-handed competitors have an innate superiority in sports ? », *Perceptual and Motor Skills*, 2000, 90, p. 1273-1282.

Hackett S. J., Kimball R. T., Reddy S., Bowie R. C. K., Braun E. L., Braun M. J., Chojnowski J. L., Cox W. A., Han K. L., Harshman J., Huddleston C. J., Marks B. D., Miglia K. J., Moore W. S., Sheldon F. H., Steadman D. W., Witt C. C., Yuri T., « A phylogenomic study of birds reveals their evolutionary history », *Science*, 2008, 320, p. 1763-1768.

Hagemann N., « The advantage of being left-handed in interactive sports », *Attention, Perception, & Psychophysics*, 2009, 71, p. 1641-1648.

Haldane J. B. S., « A mathematical theory of natural and artificial selection. Part I », *Cambridge Philosophical Society Transactions*, 1924, 23, p. 19-41.

Hallam B. T., Hiorns A. G., Vukusic P., « Developing optical efficiency through optimized coating structure : Biomimetic inspiration from white beetles », *Applied Optics*, 2009, 48, p. 3243-3249.

Hamilton W. D., « The genetical evolution of social behaviour I », *Journal of Theoretical Biology*, 1964, 7, p. 23-43.

Hamilton W. D., « The moulding of senescence by natural selection », *Journal of Theoretical Biology*, 1966, 12, p. 12-45.

Hamilton W. D., « Altruism and related phenomena, mainly in social insects », *Annual Review of Ecology and Systematics*, 1972, 3, p. 193-232.

Hampâté Bâ A., *Amkoullel, l'enfant peul*, Arles, Actes Sud, 1992.

Harris L. J., « In fencing, what gives left-handers the edge ? Views from the present and the distant past », *Laterality*, 2010, 15, p. 15-55.

Harshman L. G., Hoffmann A. A., « Laboratory selection experiments using *Drosophila* : What do they really tell us ? », *Trends in Ecology and Evolution*, 2000, 15, p. 32-36.

Hartenberger J. L., *Une brève histoire des mammifères*, Paris, Belin, 2001.

Harveson P., Lopez R., Silvy N., Frank P., « Source-sink dynamics of Florida Key deer on Big Pine Key, Florida », *Journal of Wildlife Management*, 2004, 68, p. 909-915.

Harvey A., Zukoff S., « Wind-powered wheel locomotion, initiated by leaping somersaults, in larvae of the Southeastern Beach Tiger Beetle (*Cicindela dorsalis media*) », *PLoS ONE*, 2011, 6, p. e17746.

Hausfater G., Hrdy S. B. (éd.), *Infanticide. Comparative and evolutionary perspectives*, New York, Aldine, 1984.

Hawks J., Wang E. T., Cochran G. M., Harpending H. C., Moyzis R. K., « Recent acceleration of human adaptive evolution », *Proceedings of the National Academy of Sciences, USA*, 2007, 104, p. 20753-20758.

Heap I. M., « The occurrence of herbicide-resistant weeds worldwide », *Pesticide Science*, 1997, 51, p. 235-243.

Hedrick P. W., Andersson L., « Are dogs genetically special ? », *Heredity*, 2011, 106, p. 712-713.

Hedrick P. W., Verrelli B. C., « "Ground truth" for selection on CCR5-Δ32 », *Trends in Genetics*, 2006, 22, p. 293-296.

Hehemann J. H., Correc G., Barbeyron T., Helbert W., Czjzek M., Michel G., « Transfer of carbohydrate-active enzymes from marine bacteria to Japanese gut microbiota », *Nature*, 2010, 464, p. 908-914.

Heilbronn L. K., Ravussin E., « Calorie restriction and aging : Review of the literature and implications for studies in humans », *American Journal of Clinical Nutrition*, 2003, 78, p. 361-369.

Heinrich B., Bartholomew G., « L'écologie du bousier d'Afrique », *Pour la science*, 1980, 27, p. 40-47.

Henderson J. C., Grimm C. C., Lloyd S. W., Laine R. A., « Termites fumigate their nests with naphthalene », *Nature*, 1998, 392, p. 558.

Hendry A. P., Kinnison M. T., « An introduction to microevolution : rate, pattern, process », *Genetica*, 2001, 112-113, p. 1-8.

Henriquez S. A., Brett R., Alexander J., Pratt J., Roberts C. W., « Neuropsychiatric disease and *Toxoplasma gondii* infection », *Neuroimmunomodulation*, 2009, 16, p. 122-133.

Henschel J. R., « Spiders wheel to escape », *South African Journal of Science*, 1990, 86, p. 151-152.

Hilbish T. J., « Demographic and temporal structure of an allele frequency cline in the mussel *Mytilus edulis* », *Marine Biology*, 1985, 86, p. 163-171.

Hilbish T. J., Koehn R. K., « Dominance in physiological phenotypes and fitness at an enzyme locus », *Science*, 1985, 229, p. 52-54.

Hinze-Selch D., Däubener W., Erdag S., Wilms S., « The diagnosis of a personality disorder increases the likelihood for seropositivity to *Toxoplasma gondii* in psychiatric patients », *Folia Parasitologica*, 2010, 57, p. 129-135.

Holdaway R. N., Jacomb C., « Rapid extinction of the Moas (Aves : Dinornithiformes) : Model, test, and implications », *Science*, 2000, 287, p. 2250-2254.

Holliday T. W., Hilton C. E., « Body proportions of circumpolar peoples as evidenced from skeletal data : Ipiutak and Tigara (Point Hope) versus Kodiak island Inuit », *American Journal of Physical Anthropology*, 2010, 142, p. 287-302.

Holt J. S., Powles S. B., Holtum J. A. M., « Mechanism and agronomic aspects of herbicide resistance », *Annual Review of Plant Physiology and Plant Molecular Biology*, 1993, 44, p. 203-229.

Hori M., « Frequency-dependent natural selection in the handedness of scale-eating Cichlid fish », *Science*, 1993, 260, p. 216-219.

Hrdy S. B., « Infanticide among animals : A review, classification, and estimation of the implications for the reproductive strategies of females », *Ethology and Sociobiology*, 1979, 1, p. 13-40.

Hrdy S. B., Judge D. S., « Darwin and the puzzle of primogeniture : An essay on biases in parental investment after death », *Human Nature*, 1993, 4, p. 1-45.

Hsee C. K., Yang Y., Li N., Shen L., « Wealth, warmth and wellbeing : whether happiness is relative or absolute depends on whether it is about money, acquisition or consumption », *Journal of Marketing Research*, 2009, 46, p. 396-409.

Hubbs C. L., Hubbs L. C., « Bilateral asymmetry and bilateral variation in fishes », *Papers of the Michigan Academy of Science, Arts, and Letters*, 1944, 30, p. 229-310.

Hughes D. P., Kronauer D. J. C., Boomsma J. J., « Extended phenotype : Nematodes turn ants into bird-dispersed fruits », *Current Biology*, 2008, 18, p. R294-R295.

Hurst G. D. D., Jiggins F. M., « Male-killing bacteria in insects : Mechanisms, incidence, and implications », *Emerging Infectious Diseases*, 2000, 6, p. 329-336.

Hurst G. D. D., Jiggins F. M., von der Schulenburg J. H. G., Bertrand D., West S. A., Goriacheva I. I., Zakharov I. A., Werren J. H., Stouthamer R., Majerus M. E. N., « Male-killing *Wolbachia* in two species of insect », *Proceedings of the Royal Society of London B*, 1999a, 266, p. 735-740.

Hurst G. D. D., Majerus M. E. N., Walker L. E., « Cytoplasmic male killing elements in *Adalia bipunctata* (Linnaeus) (Coleoptera : Coccinellidae) », *Heredity*, 1992, 69, p. 84-91.

Hurst G. D. D., von der Schulenburg J. H. G., Majerus T. M. O., Bertrand D., Zakharov I. A., Baungaard J., Völki W., Stouthamer R., Majerus M. E. N., « Invasion of one insect species, *Adalia bipunctata*, by two different male-killing bacteria », *Insect Molecular Biology*, 1999b, 8, p. 133-139.

Hurst L. D., « The incidences and evolution of cytoplasmic male killers », *Proceedings of the Royal Society of London B*, 1991, 244, p. 91-99.

Itan Y., Powell A., Beaumont M. A., Burger J., Thomas M. G., « The origins of lactase persistence in Europe », *PloS Computational Biology*, 2009, 5, p. e1000491, 1-13.

Izumi H., Suzuki M., Aoyagi S., « Realistic imitation of mosquito's proboscis : Electrochemically etched sharp and jagged needles and their cooperative inserting motion », *Sensors and Actuators A : Physical*, 2011, 165, p. 115-123.

Jablonski N. G. « Skin coloration », *in* M. P. Muehlenbein (éd.), *Human Evolutionary Biology*, Cambridge, Cambridge University Press, 2010, p. 192-213.

Jablonski N. G., Chaplin G., « The evolution of human skin coloration », *Journal of Human Evolution*, 2000, 39, p. 56-107.

Jachmann H., Berry P. S. M., Imae H., « Tusklessness in African elephants : a future trend », *African Journal of Ecology*, 1995, 33, p. 230-235.

Jaeger J. J., *Les Mondes fossiles*, Paris, Odile Jacob, 1996.

Janvier P., *Early Vertebrates*, Oxford, Oxford University Press, 1996.

Jarrell K. F., VanDyke D. J., Wu J. « Archaeal flagella and pili », *in* K. F. Jarrell (éd.), *Pili and Flagella. Current research and future trends*, Norfolk, Caister Academic Press, 2009, p. 215-234.

Jarvis J. U. M., Bennett N. C., « Eusociality has evolved independently in two genera of bathyergid mole-rats – but occurs in no other subterranean mammal », *Behavioral Ecology and Sociobiology*, 1993, 32, p. 253-260.

Jasienska G. « Why women differ in ovarian function : genetic polymorphism, developmental conditions, and adult lifestyle », *in* M. P. Muehlenbein (éd.), *Human Evolutionary Biology*, Cambridge, Cambridge University Press, 2010, p. 322-337.

Jeffery W. R., « Adaptive evolution of eye degeneration in the Mexican blind cavefish », *Journal of Heredity*, 2005, 96, p. 185-196.

Jersáková J., Kindlmann P., Renner S. S., « Is the color dimorphism in *Dactylorhiza sambucina* maintained by differential seed viability instead of frequency-dependent selection ? », *Folia Geobotanica*, 2006, 41, p. 61-76.

Johnston R. F., Selander R. K., « House Sparrows : Rapid evolution of races in North America », *Science*, 1964, 140, p. 548-550.

Johnston R. F., Selander R. K., « Evolution in the House Sparrows. III. Variation in size and sexual dimorphism in Europe and North and South America », *The American Naturalist*, 1973, 107, p. 373-390.

Judson O., *Manuel universel d'éducation sexuelle*, Paris, Seuil, 2002.

Karell P., Ahola K., Karstinen T., Valkama J., Brommer J. E., « Climate change drives microevolution in a wild bird », *Nature Communications*, 2011, DOI : 10.1038/ncomms1213, p. 1-7.

Kawamura S., « The process of sub-culture propagation among Japanese macaques », *Primates*, 1959, 2, p. 43-60.

Keller L., Genoud M., « Extraordinary lifespans in ants : A test of evolutionary theories of ageing », *Nature*, 1997, 389, p. 958-960.

Kent D. S., Simpson J. A., « Eusociality in the Beetle *Austroplatypus incompertus* (Coleoptera : Curculionidae) », *Naturwissenschaften*, 1992, 79, p. 86-87.

Kenyon C., Chang J., Gensch E., Rudner A., Tabtlang R., « A *C. elegans* mutant that lives twice as long as wild type », *Nature*, 1993, 366, p. 461-464.

Kern S., Ackermann M., Stearns S. C., Kawecki T. J., « Decline in offspring viability as a manifestation of aging in *Drosophila melanogaster* », *Evolution*, 2001, 55, p. 1822-1831.

Kettlewell H. B. D., « A résumé of investigations on the evolution of melanism in the Lepidoptera », *Proceedings of the Royal Society of London B*, 1956, 145, p. 297-303.

Kettlewell H. B. D., « Insect survival and selection for pattern », *Science*, 1964, 148, p. 1290-1296.

Kirkwood T., Rose M., « Evolution of senescence : late survival sacrificed for reproduction », *Philosophical Transaction of the Royal Society London B*, 1991, 332, p. 15-24.

Koebnick C., Strassner C., Hoffmann I., Leitzmann C., « Consequences of a long-term raw food diet on body weight and menstruation : Results of a questionnaire survey », *Annals of Nutrition and Metabolism*, 1999, 43, p. 69-79.

Koehn R. K., Newell R. I. E., Immermann F., « Maintenance of an aminopeptidase allele frequency cline by natural selection », *Proceedings of the National Academy of Sciences, USA*, 1980, 77, p. 5385-5389.

Krebs J. R., « The gourmet ape : Evolution and human food preferences », *American Journal of Clinical Nutrition*, 2009, 90 (suppl), p. 707S-711S.

Kruska D. C., « On the evolutionary significance of encephalization in some eutherian mammals : Effects of adaptive radiation, domestication, and feralization », *Brain, Behavior and Evolution*, 2005, 65, p. 73-108.

Krylov V., Porteous E., « Wave-like aquatic propulsion of mono-hull marine vessels », *Ocean Engineering*, 2010, 37, p. 378-386.

LaBarbera M., « Why the wheels won't go », *American Naturalist*, 1983, 121, p. 395-408.

Labbé P., Lenormand T., Raymond M., « On the worldwide spread of an insecticide resistance gene : A role for local selection », *Journal of Evolutionary Biology*, 2005, 18, p. 1471-1484.

Labbé P., Sidos N., Raymond M., Lenormand T., « Resistance gene replacement in the mosquito *Culex pipiens* : Fitness estimation from long term cline series », *Genetics*, 2009, 182, p. 303-312.

Lalueza-Fox C., Römpler H., Caramelli D., Stäubert C., Catalano G., Hughes D., Rohland N., Pilli E., Longo L., Condemi S., de la Rasilla M., Fortea J., Rosas A., Stoneking M., Schöneberg T., Bertranpetit J., Hofreiter M., « A melanocortin 1 receptor allele suggests varying pigmentation among Neanderthals », *Sciencexpress*, 2007, p. 1-4.

Lalueza C., Frayer D. W., « Non-dietary marks in the anterior dentition of the Krapina neanderthals », *International Journal of Osteoarchaeology*, 1997, 7, p. 133-149.

Law W., Salick J., « Human-induced dwarfing of Himalayan snow lotus, *Saussurea laniceps* (Asteraceae) », *Proceedings of the National Academy of Sciences, USA*, 2005, 102, p. 10218-10220.

Lefèvre T., Adamo S. A., Biron D. G., Missé D., Hughes D., Thomas F., « Invasion of the body snatchers : The diversity and evolution of manipulative strategies in host-parasite interactions », *Advances in Parasitology*, 2009a, 68, p. 45-83.

Lefèvre T., Lebarbenchon C., Gauthier-Clerc M., Missé D., Poulin R., Thomas F., « The ecological significance of manipulative parasites », *Trends in Ecology and Evolution*, 2009b, 24, p. 41-48.

Lenoir J., Gégout J. C., Marquet P. A., de Ruffray P., Brisse H., « A significant upward shift in plant optimum elevation during the 20th century », *Science*, 2008, 320, p. 1768-1771.

Lenormand T., « Gene flow and the limits to natural selection », *Trends in Ecology and Evolution*, 2002, 17, p. 183-189.

Lenormand T., Bourguet D., Guillemaud T., Raymond M., « Tracking the evolution of insecticide resistance in the mosquito *Culex pipiens* », *Nature*, 1999, 400, p. 861-864.

Lenormand T., Raymond M., « Resistance management : The stable zone strategy », *Proceedings of the Royal Society of London B*, 1998, 265, p. 1-6.

Lenormand T., Raymond M., « Analysis of clines with variable selection and variable migration », *The American Naturalist*, 2000, 155, p. 70-82.

Leon D. A., « Trends in European life expectancy : A salutary view », *International Journal of Epidemiology*, 2011, p. 1-7.

Leonard W., Katzmarzyk P. T. « Body size and shape : Climatic and nutritional influences on human body morphology », *in* M. P. Muehlenbein (éd.), *Human Evolutionary Biology*, Cambridge, Cambridge University Press, 2010, p. 157-169.

Levings III C. S., « The Texas cytoplasm of maize : Cytoplasmic male sterility and disease susceptibility », *Science*, 1990, 250, p. 942-947.

Lin A., Meyers M. A., « Growth and structure in abalone shell », *Materials Science and Engineering A*, 2005, 390, p. 27-41.

Lind J. M., Hutcheson-Dilks H. B., Williams S. M., Moore J. H., Essex M., Ruiz-Pesini E., Wallace D. C., Tishkoff S. A., O'Brien S. J., Smith M. W., « Elevated male European and female African contributions to the genomes of African American individuals », *Human Genetics*, 2007, 74, p. 856-865.

Lindberg J., Björnerfeldt S., Saetre P., Svartberg K., Seehuus B., Bakken M., Vilà C., Jazin E., « Selection for tameness has changed brain gene expression in silver foxes », *Current Biology*, 2005, 15, p. R915-R916.

Lindburg D. G., « Primate obstetrics : The biology of birth », *American Journal of Primatology*, 1982, 3, p. 193-199.

Linden D. S., « Antenna design using genetic algorithms », *Proceedings of the Genetic and Evolutionary Computation Conference*, New York, 2002, p. 1133-1140.

Lindová J., Kuběna A. A., Šturcová H., Křivohlava R., Novotná M., Rubešová A., Havíček J., Kodym P., Flegr J., « Pattern of money allocation in experimental games supports the stress hypothesis of gender differences in

Toxoplasma gondii-induced behavioural changes », *Folia Parasitologica*, 2010, 57, p. 136-142.

Liu H. J., Yu M., Currano L., Gee D., « Fly-ear inspired miniature directional microphones : modelling and experimental study », *IMECE 2009 : Proceedings of the ASME International Mechanical Engineering Congress and Exposition*, Lake Buena Vista, FL, 2010, 12, p. 271-277

Liu R. « Origin and evolution of the bacterial flagellar system », *in* K. F. Jarrell (éd.), *Pili and Flagella. Current research and future trends*, Norfolk, Caister Academic Press, 2009, p. 207-214.

Llaurens V., Raymond M., Faurie C., « Ritual fights and male reproductive success in a human population », *Journal of Evolutionary Biology*, 2009a, 22, p. 1854-1859.

Llaurens V., Raymond M., Faurie C., « Why are some people left-handed ? An evolutionary perspective », *Philosophical Transaction of the Royal Society, B*, 2009b, 364, p. 881-894.

Losos J. B., « Evolution : A lizard's tale », *Scientific American*, 2001, mars, p. 56-61.

Losos J. B., Jackman T. R., Larson A., de Queiroz K., Rodriguez-Schettino L., « Contingency and determinism in replicated adaptive radiations of island lizards », *Science*, 1998, 279, p. 2115-2118.

Losos J. B., Warheit K. I., Schoener T. W., « Adaptive differentiation following experimental island colonization in *Anolis* lizards », *Nature*, 1997, 387, p. 70-73.

Lowther P. E., « Selection intensity in North American house sparrows (*Passer domesticus*) », *Evolution*, 1977, 31, p. 649-656.

Lucas A., Fewtrell M. S., Cole T. J., « Fetal origins of adult disease – The hypothesis revisited », *British Medical Journal*, 1999, 319, p. 245-249.

Luke S. M., Hallam B. T., Vukusic P., « Structural optimization for broadband scattering in several ultra-thin white beetle scales », *Applied Optics*, 2010, 49, p. 4246-4254.

Macnair M. R., « Heavy metal tolerance in plants : A model evolutionary system », *Trends in Ecology and Evolution*, 1987, 2, p. 354-359.

MacNeil M. D., Cundiff L. V., Dinkel C. A., Koch R. M., « Genetic correlations among sex-limited traits in beef cattle », *Journal of Animal Science*, 1984, 58, p. 1171-1180.

MacNeil M. D., Reecy J. M., Garrick D. J. « Cattle », *in* N. E. Cockett, C. Kole (éd.), *Genome Mapping and Genomics in Domestic Animals*, Berlin, Springer-Verlag, 2009, p. 1-17.

Maitland D. P., « Wheels and wheel-like locomotion in nature », *South African Journal of Sciences*, 1991, 87, p. 85-86.

Majerus E. N. M., *Melanism. Evolution in action*, Oxford, Oxford University Press, 1998.

Marks P., « Darwin and the generation game », *New Scientist*, 2007, 2614, p. 26-27.

Mason A. C., Oshinsky M. L., Hoy R. R., « Hyperacute directional hearing in a microscale auditory system », *Nature*, 2001, 410, p. 686-690.

McClearn G. E., Johansson B., Berg S., Pedersen N. L., Ahern F., Petrill S. A., Plomin R., « Substantial genetic influence on cognitive abilities in twins 80 or more years old », *Science*, 1997, 276, p. 1560-1563.

McKenzie J., Batterham P., « The genetic, molecular and phenotypic consequences of selection for insecticide resistance », *Trends in Ecology and Evolution*, 1994, 9, p. 166-169.

McNeill, J. R., « Yellow fever, empire, and revolution : The political impacts of infectious disease in the Carribean region, 1640-1900 », *in* P. Hämäläinen (éd.), *When Disease Makes History*, Helsinki, Yliopistopaino, 2006, p. 81-111.

Mead S., Whitfield J., Poulter M., Shah P., Uphill J., Campbell T., Al-Dujaily H., Hummerich H., Beck J., Mein C. A., Verzilli C., Whittaker J., Alpers M. P., Collinge J., « A novel protective prion protein variant that colocalizes with kuru exposure », *The New England Journal of Medicine*, 2009, 361, p. 2056-2065.

Meiri S., Dayan T., « On the validity of Bergmann's rule », *Journal of Biogeography*, 2010, 30, p. 331-351.

Menacker F., Hamilton B. E., « Recent trends in cesarean delivery in the United States », *NCHS Data Brief*, 2010, 35, p. 1-8.

Mery F., Pont J., Preat T., Kawecki T. J., « Experimental evolution of olfactory memory in *Drosophila melanogaster* », *Physiological and Biochemical Zoology*, 2007, 80, p. 399-405.

Michod R. E., « The theory of kin selection », *Annual Review of Ecology and Systematics*, 1982, 13, p. 23-55.

Migliano A. B., Vinicius L., Mirazón-Lahr M., « Life history trade-offs explain the evolution of human pygmies », *Proceedings of the National Academy of Sciences, USA*, 2007, 104, p. 20216-20219.

Milot E., Mayer F. M., Nussey D. H., Boisvert M., Pelletier F., Réale D., « Evidence for evolution in response to natural selection in a contemporary human population », *Proceedings of the National Academy of Sciences, USA*, 2011, p. 1-6.

Møller A. P., *Sexual Selection and the Barn Swallow*, Oxford, Oxford University Press, 1994.

Møller A. P., « Albinism and phenotype of barn swallows *(Hirundo rustica)* from Chernobyl », *Evolution*, 2001, 55, p. 2097-2104.

Møller A. P., Hobson K. A., Mousseau T. A., Peklo A. M., « Chernobyl as a population sink for barn swallows : Tracking dispersal using stable-isotope profiles », *Ecological Applications*, 2006, 16, p. 1696-1705.

Møller A. P., Mousseau T. A., « Mutation and sexual selection : A test using barn swallows from Chernobyl », *Evolution*, 2003, 57, p. 2139-2146.

Møller A. P., Mousseau T. A., « Reduced abundance of insects and spiders linked to radiation at Chernobyl 20 years after the accident », *Biology Letters*, 2009a, 5, p. 356-359.

Møller A. P., Mousseau T. A., « Reduced abundance of raptors in radioactively contaminated areas near Chernobyl », *Journal of Ornithology*, 2009b, 150, p. 239-246.

Møller A. P., Mousseau T. A., Lynn C., Ostermiller S., Rudolfsen G., « Impaired swimming behaviour and morphology of sperm from barn swallows *Hirundo rustica* in Chernobyl », *Mutation Research*, 2008, 650, p. 210-216.

Møller A. P., Mousseau T. A., Milinevsky G., Peklo A., Pysanets E., Szep T., « Condition, reproduction and survival of barn swallows from Chernobyl », *Journal of Animal Ecology*, 2005, 74, p. 1102-1111.

Monaghan P., Charmantier A., Nussey D. H., Ricklefs R. E., « The evolutionary ecology of senescence », *Functional Ecology*, 2008, 22, p. 371-378.

Monath T. P., Nasidi A., « Should yellow fever vaccine be included in the expanded program of immunization in Africa ? A cost-effectiveness analysis for Nigeria », *The American Society of Tropical Medicine and Hygiene*, 1993, 48, p. 274-299.

Montgelard C., Catzeflis F., Douzery E., « Phylogenetic relationships of Artiodactyls and Cetaceans as deduced from the comparison of cytochrome b and 12s rRNA mitochondrial sequences », *Molecular Biology and Evolution*, 1997, 14, p. 550-559.

Mordillat G., Prieur J., *Jésus après Jésus*, Paris, Seuil, 2004.

Moritz R. F. A., Kryger P., Allsopp M. H., « Competition for royalty in bees », *Nature*, 1996, 384, p. 31.

Mukherjee A. (éd.), *Biomimetics. Learning from nature*, Vukovar, Croatie, InTech, 2010.

Munafo M. R., Yalcin B., Willis-Owen S., Flint J., « Association of the dopamine D4 receptor (DRD4) gene and approach-related pesonality traits : Meta-analysis and new data », *Biological Psychiatry*, 2008, 63, p. 197-206.

Murata M., « On the flying behavior of neon flying squid *Ommastrephes bartrami* observed in the central and northwestern North Pacific », *Nippon Suisan Gakkaishi*, 1988, 54, p. 1167-1174.

Murdock G. P., *Ethnographic Atlas*, Pittsburgh, University of Pittsburgh Press, 1967.

Nabban G. P., *Why Some Like it Hot. Food, genes, and cultural diversity*, Washington, DC, Island Press, 2004.

Nilsson D.-E., Pelger S., « A pessimistic estimate of the time required for an eye to evolve », *Proceedings of the Royal Society London B*, 1994, 256, p. 53-58.

Nitcholls H., « My little zebra : The secrets of domestication », *New Scientist*, 2009, 2728, p. 40-43.

Norell M. A., Clarke J. A., « Fossil that fills a critical gap in avian evolution », *Nature*, 2001, 409, p. 181-184.

Notthafft V., « Sexuelles und geschlechtskrankheiten in Casanovas memoiren », *Dermatologische Wochenschrift*, 1913, 46, p. 1339-1351.

Novembre J., Rienzo A. D., « Spatial patterns of variation due to natural selection in humans », *Nature Reviews Genetics*, 2009, 10, p. 745-755.

Nunney L., « The response to selection for fast larval development in *Drosophila melanogaster* and its effect on adult weight : an example of a fitness trade-off », *Evolution*, 1996, 50, p. 1193-1204.

O'Neill S. L., Hoffmann A. A., Werren J. H. (éd.), *Influential passengers : Inherited microorganisms and arthropod reproduction*, New York, Oxford University Press, 1997.

Olendorf R., Rodd F. H., Punzalan D., Houde A. E., Hurt C., Reznick D. N., Hughes K. A., « Frequency-dependent survival in natural guppy populations », *Nature*, 2006, 441, p. 633-636.

Olshansky S. J., Passaro D. J., Hershow R. C., Layden J., Carnes B. A., Brody J., Hayflick L., Butler R. N., Allison D. B., Ludwig D. S., « A potential decline in life expectancy in the United States in the 21st century », *The New England Journal of Medicine*, 2005, 352, p. 1138-1145.

Olson J. M., Vernon P. A., Aitken Harris J., Jang K. L., « The heritability of attitudes : A study of twins », *Journal of Personality and Social Psychology*, 2001, 80, p. 845-860.

Osaki S., « Spider silk as mechanical lifeline », *Nature*, 1996, 384, p. 419.

Page Jr R. E., « Sperm utilization in social insects », *Annual Review of Entomology*, 1986, 31, p. 297-320.

Pardi L., « Dominance order in *Polistes* wasps », *Physiological Zoology*, 1948, 21, p. 1-13.

Pardo B. G., Machordom A., Foresti F., Porto-Foresti F., Azevedo M. F. C., Bañon R., Sánchez L., Martínez P., « Phylogenetic analysis of flatfish (Order Pleuronectiformes) based on mitochondrial. 16s rDNA sequences », *Scientia Marina*, 2005, 69, p. 531-543.

Parker G. J., « Biomimetically-inspired photonic nanomaterials », *Journal of Materials Science. Materials in Electronics*, 2010, 21, p. 965-979.

Parmesan C., « Ecological and evolutionary responses to recent climate change », *Annual Review of Ecologie, Evolution and Systematics*, 2006, 37, p. 637-69.

Parmesan C., Ryrholm N., Stefanescu C., Hill J. K., Thomas C. D., Descimon H., Huntley B., Kaila L., Kullberg J., Tammaru T., Tennent W. J., Thomas J. A., Warren M., « Poleward shifts in geographical ranges of butterfly species associated with regional warming », *Nature*, 1999, 399, p. 579-583.

Pascal R. « Copier le processus évolutif en chimie », contribution à Raymond M., Godelle, G. « Les applications de la biologie évolutive », *in*

F. Thomas, T. Lefèvre, M. Raymond (éd.), *Biologie évolutive*, Bruxelles, De Boeck, 2010, p. 751-753.

Patin E., Quintana-Murci L., « Demeter's legacy : Rapid changes to our genome imposed by diet », *Trends in Ecology & Evolution*, 2008, 23, p. 56-59.

Patterson C., « An overview of the early fossil record of Acanthomorphs », *Bulletin of Marine Science*, 1993 52, p. 29-59.

Peng T. X., Moya A., Ayala F. J., « Irradiation-resistance conferred by superoxide dismutase : Possible adaptive role of a natural polymorphism in *Drosophila melanogaster* », *Proceedings of the National Academy of Sciences, USA*, 1986, 83, p. 684-687.

Pérez-Asenjo E., « If happiness is relative, against whom do we compare ourselves ? Implications for labour supply », *Journal of Population Economics*, 2011, 24, p. 1411-1442.

Perret P., Blondel J., Dervieux A., Maistre M., Colomb B., « Composante génétique de la date de ponte chez la mésange bleue *Parus caeruleus* L. (Aves) », *Comptes rendus de l'Académie de sciences de Paris*, série III, 1989, 308, p. 527-530.

Perry G. H., Dominy N. J., Claw K. G., Lee A. S., Fiegler H., Redon R., Werner J., Villanea F. A., Mountain J. L., Misra R., Carter N. P., Lee C., Stone A. C., « Diet and the evolution of human amylase gene copy number variation », *Nature Genetics*, 2007, p. 1256-1260.

Petersen M. B., Skaaning S. E., « Ultimate causes of state formation : The significance of biogeography, diffusion, and Neolithic revolutions », *Historical Social Research*, 2010, 35, p. 200-226.

Phillipson L., « Edge modification as an indicator of function and handedness of Acheulian handaxes from Kariandusi, Kenya », *Lithic Technology*, 1997, 22, p. 171-183.

Pinhasi R., Fort J., Ammerman A. J., « Tracing the origin and spread of agriculture in Europe », *PLoS Biology*, 2005, 3, p. 2220-2228.

Policansky D., « The asymmetry of flounders », *Scientific American*, 1982, 246, p. 96-102.

Ponton F., Biron D. G., Joly C., Helluy S., Duneau D., Thomas F., « Ecology of parasitically modified populations : a case study from a gammarid-trematode system », *Marine Ecology Progress Series*, 2005, 299, p. 205-215.

Porter M. L., Pérez-Losada M., Crandall K. A., « Model-based multi-locus estimation of decapod phylogeny and divergence times », *Molecular Phylogenetics and Evolution*, 2005, 37, p. 355-369.

Qiang J., Currie P. J., Norell M. A., Shu-An J., « Two feathered dinosaurs from northeastern China », *Nature*, 1998, 393, p. 753-761.

Qu L., Dai L., Stone M., Xia Z., Lin Wang Z., « Carbon nanotube arrays with strong shear binding-on and easy normal lifting-off », *Science*, 2008, 322, p. 238-242.

Ratnieks F. L. W., « Reproductive harmony by mutual policing by workers in eusocial hymenoptera », *American Naturalist*, 1988, 32, p. 217-236.

Ratnieks F. L. W., « Egg-laying, egg-removal, and ovary development by workers in queenright honey bee colonies », *Behavioral Ecology and Sociobiology* 1993a, 32, p. 191-198.

Ratnieks F. L. W., « Worker policing in the honeybee », *Nature*, 1993b, 342, p. 796-797.

Raymond M., *Cro-magnon toi-même ! Petit guide darwinien de la vie quotidienne*, Paris, Seuil, 2008.

Raymond M. « Résistance aux insecticides », contribution à Bernatchez L. « Évolution induite par les activités anthropiques », *in* F. Thomas, T. Lefèvre, M. Raymond (éd.), *Biologie évolutive*, Bruxelles, De Boeck, 2010, p. 708-713.

Raymond M., Callaghan A., Fort P., Pasteur N., « Worldwide migration of amplified insecticide resistance genes in mosquitoes », *Nature*, 1991, 350, p. 151-153.

Raymond M., Pontier D., Dufour A.-B., Møller A. P., « Frequency-dependent maintenance of left handedness in humans », *Proceedings of the Royal Society of London B*, 1996, 263, p. 1627-1633.

Reeve H. K., Sherman P. W., « Adaptation and the goal of evolutionary research », *The Quarterly Review of Biology*, 1993, 68, p. 1-32.

Restrepo C., Rallón N. I., Carrillo J., Soriano V., Blanco J., Benito J. M., « Host factors involved in low susceptibility to HIV infection », *AIDS Reviews*, 2011, 13, p. 30-40.

Reznick D. N., Ghalambor C. K., « The population ecology of contemporary adaptations : What empirical studies reveal about the conditions that promote adaptive evolution », *Genetica*, 2001, 112-113, p. 183-198.

Reznick D. N., Shaw F. H., Rodd F. H., Shaw R. G., « Evaluation of the rate of evolution in natural populations of guppies (*Poecilia reticulata*) », *Science*, 1997, 275, p. 1934-1937.

Richards M., Ponder M., « Lay understanding of genetics : a test of a hypothesis », *Journal of Medical Genetics*, 1996, 33, p. 1032-1036.

Riddle J. M., *Contraception and Abortion From the Ancient Word to the Renaissance*, Cambridge, Harvard University Press, 1992.

Roderick T. H., « Selection for radiation resistance in mice », *Genetics*, 1963, 48, p. 205-216.

Roes F. L., Raymond M., « Belief in moralizing gods », *Evolution and Human Behavior*, 2003, 24, p. 126-135.

Roff R. A., « The evolution of flightlessness : Is history important ? », *Evolutionary Ecology*, 1994, 8, p. 639-657.

Rogers D. S., Ehrlich P. R., « Natural selection and cultural rates of change », *Proceedings of the National Academy of Sciences, USA*, 2008, 105, p. 3416-3420.

Rolleston J. D., « La médecine et les médecins dans les "Mémoires" de Casanova », introduction *in Mémoires de J. Casanova de Seingalt*, Paris, Éditions de la Sirène, 1929.

Rolleston J. D., « Sexology and venereal diseases in Casanova's "Memoires" », *The Urologic and Cutaneous Review*, 1934a, p. 260-265.

Rolleston J. D., « Veneral disease in literature », *The British Journal of Venereal Diseases*, 1934b, 10, p. 147-174.

Rollet C., Morel M.-F. (éd.), *Des bébés et des hommes. Traditions et modernité des soins aux tout-petits*, Paris, Albin Michel, 2000.

Rose M. R., « Laboratory evolution of postponed senescence in *Drosophila melanogaster* », *Evolution*, 1984, 38, p. 1004-1010.

Rose M. R. « The evolution of senescence », *in* P. J. Greenwood, P. H. Harvey, M. Slatkin (éd.), *Evolution*, Cambridge University Press, 1985, p. 117-128.

Rothenbuhler W. C., « Behavior genetics of nest cleaning in honey bees. IV. Responses of F1 and backcross generations to disease-killed brood », *American Zoologist*, 1964, 4, p. 111-123.

Rousset F., Raymond M., « Cytoplasmic incompatibility in insects : why sterilize females ? », *Trends in Ecology and Evolution*, 1991, 6, p. 54-57.

Royal M. D., Smith R. F., Friggens N. C., « Fertility in dairy cows : Bridging the gaps », *Animal*, 2008, 2, p. 1101-1103.

Rugg G., Mullane M., « Inferring handedness from lithic evidence », *Laterality. Asymmetries of body, brain and cognition*, 2001, 6, p. 247-259.

Rydell J., Speakman J. R., « Evolution of nocturnality in bats : Potential competitors and predators during their early history », *Biological Journal of the Linnean Society*, 1995, 54, p. 183-191.

Sablin M. V., Khlopatchev G. A., « The earliest ice age dogs : Evidence from Eliseevichi I », *Current Anthropology*, 2002, 43, p. 795-799.

Scheid C., Noë R., « The performance of rooks in a cooperative task depends on their temperament », *Animal Cognition*, 2010, 13.

Schinka J. A., Busch R. M., Robichaux-Keene N., « A meta-analysis of the association between the serotonin transporter gene polymorphism (5-HTTLPR) and trait anxiety », *Molecular Psychiatry*, 2004, 9, p. 197-202.

Schoenauer M., « Les algorithmes évolutionnaires », contribution à Raymond M., Godelle B., « Applications de la biologie évolutive », *in* F. Thomas, T. Lefèvre, M. Raymond (éd.), *Biologie évolutive*, Bruxelles, De Boeck, 2010, p. 753-755.

Schrag S. J., Perrot V., « Reducing antibiotic resistance », *Nature*, 1996, 381, p. 120-121.

Schubart C. D., Diesel R., Hedges S. B., « Rapid evolution to terrestrial life in Jamaican crabs », *Nature*, 1998, 360, p. 668-670.

Schwarzkopf L., Blows M. W., Caley M. J., « Life-history consequences of divergent selection on egg size in *Drosophila melanogaster* », *The American Naturalist*, 1999, 29, p. 333-340.

Schwarzschild B., « Neural-network model may explain the surprisingly good infrared vision of snakes », *Physics Today*, 2006, 59, p. 18-20.

Schwitzgebel E., Gordon M. S., « How well do we know our own conscious experience ? The case of human echolocation », *Philosophical Topics*, 2000, 28, p. 235-246.

Selander R. B., « The systematic position of *Meloetyphlus*, a genus of blind blister beetles (Coleoptera : Meloidae) », *Journal of the Kansas Entomological Society*, 1965, 38, p. 45-55.

Semeniuk I., « To put up an oil rig, follow that clam », *New Scientist*, 2008, 12 juillet, p. 26.

Sichert A. B., Friedel P., Van Hemmen J. L., « Snake's perspective on heat : Reconstruction of input using an imperfect detection system », *Physical Review letters*, 2006, 97, DOI : 10.1103/PhysRevLett.97.068105.

Siemers B., Schauermann G., Turni H., von Merten S., « Why do shrews twitter ? Communication or simple echo-based orientation », *Biology Letters*, 2009, 5, p. 593-596.

Simmons N. B., Seymour K. L., Habersetzer J., Gunnell G. F., « Primitive early Eocene bat from Wyoming and the evolution of flight and echolocation », *Nature*, 2008, 451, p. 818.

Sinervo B., Heulin B., Surget-Groba Y., Clobert J., Miles D. B., Corl A., Chaine A., Davis A., « Models of density-dependent genic selection and a new rock-paper-scissors social system », *American Naturalist*, 2007, 170, p. 663-680.

Smith B. L., Schäffer T. E., Viani M., Thompson J. B., Frederick N. A., Kindt J., Belcher A., Stucky G. D., Morse D. E., Hansma P. K., « Molecular mechanistic origin of the toughness of natural adhesives, fibres and composites », *Nature*, 1999, 399, p. 761-763.

Sokal R. R., Oden N. L., Wilson C., « Genetic evidence for the spread of agriculture in Europe by demic diffusion », *Nature*, 1991, 351, p. 143-144.

Solnick S. J., Hemenwa D., « Is more always better ? A survey on positional concerns », *Journal of Economic Behavior and Organization*, 1998, 37, p. 373-383.

Solomon G. E. A., Johnson S. C., Zaitchik D., Carey S., « Like father, like son : Young children's understanding of how and why offspring resemble their parents », *Child Development*, 1996, 67, p. 151-171.

Solomon N. G., « Eusociality in a microtine rodent », *Trends in Ecology and Evolution*, 1994, 9, p. 264.

Spears T., Abele L. G., Kim W., « The monophyly of brachyuran crabs : A phylogenetic study based on 18S rDNA », *Systematic Biology*, 1992, 41, p. 446-461.

Spivak M., « Honey bee hygienic behavior as a defense against *Varroa jacobsoni* mites », *Resistant Pest Management*, 1997, 9, p. 22-24.

Springer K., Keil F. C., « On the development of biologically specific beliefs : The case of inheritance », *Child Development*, 1989, 60, p. 637-648.

Staub F., « Dodo and solitaires, myths and reality », *Proceedings of the Royal Society of Arts & Sciences of Mauritius*, 1996, 6, p. 89-122.

Stearns S. C., « A natural experiment in life-history evolution-Field data on the introduction of mosquitofish (*Gambusia affinis*) to Hawaï », *Evolution*, 1983, 37, p. 601-617.

Stearns S. C., Byars S. G., Govindaraju D. R., Ewbank D., « Measuring selection in contemporary human populations », *Nature Reviews Genetics*, 2010, 11, p. 611-622.

Stearns S. C., Sage R. D., « Maladaptation in a marginal population of the mosquito fish, *Gambusia affinis* », *Evolution*, 1980, 34, p. 65-75.

Steele J., « Handedness in past human populations : skeletal markers », *Laterality*, 2000, 5, p. 193-220.

Steele J., Uomini N. « Humans, tools and handedness », *in* V. Roux, B. Bril (éd.), *Stone Knapping. The necessary conditions for a uniquely hominin behaviour*, Cambridge, McDonald Institute for Archaelogical Research, 2005, p. 217-239.

Stern D. L., Foster W. A., « The evolution of soldiers in aphids », *Biological Reviews*, 1996, 71, p. 27-79.

Stewart S. T., Cutler D. M., Rosen A. B., « Forecasting the effects of obesity and smoking on U.S. life expectancy », *The New England Journal of Medicine*, 2009, 361, p. 2252-2260.

Stickney R. R., White D. B., « Observations of fin use in relation to feeding and resting behavior in flatfishes (Pleuronectiformes) », *Copeia*, 1973, 1, p. 154-156.

Strohl K. P., « Lessons in hypoxic adaptation from high-altitude populations », *Sleep Breath*, 2008, 12, p. 115-121.

Summers-Smith J. D. « Family Passeridae (old world sparrows) », *in* R. Mascort, J. Del Hoyo, R. Mascort Brugarolas, C. Pascual, P. Ruiz Olalla, J. Sargatal (éd.), *Handbook of the Birds of the World*, Barcelone, Lynx Edicions, 2009, vol. 14, p. 760-813.

Szathmáry E. « Human biology of the Arctic », *in* D. Damas (éd.), *Handbook of North American Indians*, Washington, Smithsonian Institution, 1984, vol. 15, p. 64-71.

Teeling E. C., « Hear, hear : The convergent evolution of echolocation in bats ? », *Trends in Ecology and Evolution*, 2008, 24, p. 351-354.

Tenaza R. R., « Pangolins rolling away from predation risks », *Journal of Mammalogy*, 1975, 56, p. 257.

Thanseem I., Thangaraj K., Chaubey G., Singh V. K., Bhaskar L. V. K. S., Reddy B. M., Reddy A. G., Singh L., « Genetic affinities among the lower castes and tribal groups of India : Inference from Y chromosome and mitochondrial DNA », *BMC Genetics*, 2006, 7, p. 1-11.

The International HapMap Consortium, « A haplotype map of the human genome », *Nature*, 2005, 437, p. 1299-1320.

Thewissen J. G. M., Hussain S. T., « Origin of underwater hearing in whales », *Nature*, 1993, 361, p. 444-445.

Thewissen J. G. M., Hussain S. T., Arif M., « Fossil evidence for the origin of aquatic locomotion in archaeocete whales », *Science*, 1994, 263, p. 210-212.

Thewissen J. G. M., Williams E. M., Roe L. J., Hussain S. T., « Skeletons of terrestrial cetaceans and the relationship of whales to artiodactyls », *Nature*, 2001, 413, p. 277-281.

Thomas C. D., Lennon J. J., « Birds extend their ranges northwards », *Nature*, 1999, 399, p. 213.

Thomas F., Adamo S. A., Moore J., « Parasitic manipulation : Where are we and where should we go ? », *Behavioural Processes*, 2005, 68, p. 185-199.

Thomas F., Poulin R., « Manipulation of a mollusc by a trophically transmitted parasite : Convergent evolution or phylogenetic inheritance ? », *Parasitology*, 1998, 116, p. 431-436.

Thomas F., Schmidt-Rhaesa A., Martin G., Manu C., Durand P., Renaud F., « Do hairworms (Nematomorpha) manipulate the water seeking behaviour of their terrestrial hosts ? », *Journal of Evolutionary Biology*, 2002, 15, p. 356-361.

Thomas F., Teriokhin A. T., Budilova E. V., Brown S. P., Renaud F., Guégan J. F., « Human birthweight evolution across contrasting environments », *Journal of Evolutionary Biology*, 2004, 17, p. 542-553.

Thorne B. L., « Evolution of eusociality on termites », *Annual Review of Ecology and Systematics*, 1997, 28, p. 27-54.

Tishkoff S. A., Reed F. A., Ranciaro A., Voight B. F., Babbitt C. C., Silverman J. S., Powell K., Mortensen H. M., Hirbo J. B., Osman M., Ibrahim M., Omar S. A., Lema G., Nyambo T. B., Ghori J., Bumpstead S., Pritchard J. K., Wray G. A., Deloukas P., « Convergent adaptation of human lactase persistence in Africa and Europe », *Nature Genetics*, 2007, 39, p. 31-40.

Tishkoff S. A., Varkonyi R., Cahinhinan N., Abbes S., Argyropoulos G., Destro-Bisol G., Drousiotou A., Dangerfield B., Lefranc G., Loiselet J., Piro A., Stoneking M., Targarelli A., Targarelli G., Touma E. H., Williams S. M., Clark A. G., « Haplotype diversity and linkage disequilibrium at human G6PD : Recent origin of alleles that confer malarial resistance », *Science*, 2001, 293, p. 455-462.

Tomasi T. E., « Echolocation by the short-tailed shrew *Blarina brevicauda* », *Journal of Mammalogy*, 1979, 60, p. 751-759.

Towers M., Signolet J., Sherman A., Sang H., Tickle C., « Insights into bird wing evolution and digit specification from polarizing region fate maps », *Nature Communications*, 2011, 2, p. 1-7.

True J. R., « Insect melanism : The molecules matter », *Trends in Ecology and Evolution*, 2003, 18, p. 640-647.

Tsang L. M., Maa K. Y., Ahyong S. T., Chan T.-Y., Chu K. H., « Phylogeny of Decapoda using two nuclear protein-coding genes : Origin and evolution of the Reptantia », *Molecular Phylogenetics and Evolution*, 2008, 48, p. 359-368.

Tuinstra E. J., De Jong G., Scharloo W., « Lack of response to family selection for directional asymmetry in *Drosophila melanogaster* : Left and right are not distinguished in development », *Proceedings of the Royal Society of London B*, 1990, 241, p. 146-152.

Turner A. K. « Family Hirundinidae (swallows and martins) », *in* J. Del Hoyo, A. Elliott, D. Christie (éd.), *Handbook of the Birds of the World*, Barcelone, Lynx Edicions, 2004, vol. 9, p. 602-685.

van Schaik C. P., Janson C. H. (éd.), *Infanticide by males and its implications*, Cambridge, Cambridge University Press, 2000.

van't Hof A. E., Edmonds N., Dalíková M., Marec F., Saccheri L. J., « Industrial melanism in British peppered moths has a singular and recent mutational origin », *Science*, 2011, 332, p. 958-960.

Vargas A. O., Fallon J. F., « Birds have dinosaur wings : The molecular evidence », *Journal of experimental Zoology*, 2005, 304B, p. 86-90.

Vatin N., Veinstein G., *Le Sérail ébranlé. Essai sur les morts, dépositions et avènements des sultans ottomans, XIVe-XIXe siècle*, Paris, Fayard, 2003.

Verdu P., Austerlitz F., Estoup A., Vitalis R., Georges M., Théry S., Froment A., Le Bomin S., Gessain A., Hombert J.-L., Van der Veen L., Quintana-Murci L., Bahuchet S., Heyer E., « Origins and genetic diversity of pygmy hunter-gatherers from Western Central Africa », *Current Biology*, 2009, 19, p. 312-318.

Verneau O., Moreau C., Catzeflis F., Renaud F., « Phylogeny of flatfishes (Pleuronectiformes) : Comparison and contradictions of molecular and morpho-anatomical data », *Journal of Fish Biology*, 1994, 45, p. 685-696.

Veselka N., McErlain D. D., Holdsworth D. W., Eger J. L., Chhem R. K., Mason M. J., Brain K. L., Faure P. A., Brock Fenton M., « Abony connection signals laryngeal echolocation in bats », *Nature*, 2010, 463, p. 939-942.

Vigne J.-D., *Les Mammifères post-glaciaires de Corse. Étude archéozoologique*, Paris, Éditions du CNRS, 1988.

Vigne J.-D., « Zooarchaelogy and biogeography history of the mammals of Corsica and Sardinia since the last ice age », *Mammal Review*, 1992, 22, p. 87-96.

Vigneron J. P., Rassart M., Vértesy Z., Kertesz K., Sarrazin M., Biro L. P., Ertz D., Lousse V., « Optical structure and function of the white filamentary hair covering the edelweiss bracts », 2007, arXiv : 0710.2695v1 [physics.optics].

Vilà C., Savolainen P., Maldonato J. E., Amorim I. R., Rice J. E., Noneycutt R. L., Crandall K. A., Lundeberg J., Wayne R. K., « Multiple and ancient origins of the domestic dog », *Science*, 1997, 276, p. 1687-1689.

Vincent J. F. V., Bogatyreva O. A., Bogatyrev N. R., Bowyer A., Pahl A.-K., « Biomimetics : Its practice and theory », *Journal of the Royal Society Interface*, 2006, 3, p. 471-482.

Voituron Y., de Fraipont M., Issartel J., Guillaume O., Clobert J., « Extreme lifespan of the human fish (*Proteus anguinus*) : A challenge for ageing mechanisms », *Biology Letters*, 2010, doi : 10.1098/rsbl.2010.0539.

Vollrath F., Madsen B., Shao Z., « The effect of spinning conditions on the mechanics of a spider's dragline silk », *Proceedings of the Royal Society of London B*, 2001, 268, p. 2339-2346.

Vukusic P., Hallam B., Noyes J., « Brilliant whiteness in ultrathin beetle scales », *Science*, 2007, 315, p. 348.

Wagner G. P., Zhang J., « The pleiotropic structure of the genotype-phenotype map : The evolvability of complex organisms », *Nature Reviews Genetics*, 2011, 12, p. 204-213.

Walker D. W., McColl G., Jenkins N. L., Harris J., Lithgow G. J., « Evolution of lifespan in *C. elegans* », *Nature*, 2000, 405, p. 296-297.

Walther G.-R., Post E., Convey P., Menzel A., Parmesan C., Beebee T. J. C., Fromentin J.-M., Hoegh-Guldberg O., Bairlein F., « Ecological responses to recent climate change », *Nature*, 2002, 416, p. 389-395.

Weber K. E., « Selection on wing allometry in *Drosophila melanogaster* », *Genetics*, 1990, 126, p. 975-989.

Weber K. E., « Large genetic change at small fitness cost in large populations of *Drosophila melanogaster* selected for wind tunnel flight : Rethinking fitness surfaces », *Genetics*, 1996, 144, p. 205-213.

Werren J. H., Hurst G. D. D., Zhang W., Breeuwer J. A. J., Stouthamer R., Majerus M. E. N., « Rickettsial relative associated with male killing in the ladybird beetle (*Adalia bipunctata*) », *Journal of Bacteriology*, 1994, 176, p. 388-394.

Wilkens H., « Variability and loss of functionless traits in cave animals. Reply to Jeffery (2010) », *Heredity* 2011, 106, p. 707-708.

Williams G. C., « Pleiotropy, natural selection, and the evolution of senescence », *Evolution*, 1957, 11, p. 398-411.

Williams G. C., *Natural Selection. Domains, levels, and challenges*, Oxford, Oxford University Press, 1992.

Wirth T., Hildebrand F., Allix-Béguec C., Wölbeling F., Kubica T., Kremer K., Van Soolingen D., Rüsch-Gerdes S., Locht C., Brisse S., Meyer A., Supply P., Niemann S., « Origin, spread and demography of the

Mycobacterium tuberculosis complex », *PloS Pathogens*, 2008, 4, p. e1000160.

Witkin E. M., « Genetics of resistance to radiation in *Escherichia coli* », *Genetics*, 1947, 32, p. 221-248.

Wobber V., Hare B., Wrangham R. W., « Great apes prefer cooked food », *Journal of Human Evolution*, 2008, 55, p. 340-348.

Wolfe N. D., Dunavan C. P., Diamond J., « Origins of major human infectious diseases », *Nature*, 2007, 447, p. 280-283.

Wongsarnpigoon A., Grill W. M., « Energy-efficient waveform shapes for neural stimulation revealed with a genetic algorithm », *Journal of Neural Engineering*, 2010, 7, p. 046009.

Wrangham R. W., *Catching Fire, How cooking made us human*, Londres, Profiles Books, 2010.

Wrangham R. W., Conklin-Brittain N., « Cooking as a biological trait », *Comparative Biochemistry and Physiology Part A*, 2003, 136, p. 35-46.

Wrangham R. W., Jones J. H., Laden G., Pilbeam D., Conklin-Brittain N. L., « The raw and the stolen : Cooking and the ecology of human origins », *Current Anthropology*, 1999, 40, p. 567-594.

Xu X., You H., Du K., Han F., « An *Archaeopteryx*-like theropod from China and the origin of Avialae », *Nature*, 2011, 475, p. 465-470.

Xu X., Zhang F., « A new maniraptoran dinosaur from China with long feathers on the metatarsus », *Naturwissenschaften*, 2005, 92, p. 173-177.

Xu X., Zhou Z., Wang X., Kuang W., Zhang F., Du X., « Four-winged dinosaurs from China », *Nature*, 2003, 421, p. 335-340.

Yablokov A. V., « Chernobyl's public health consequences », *Annals of the New York Academy of Sciences*, 2009a, 1181, p. 32-41.

Yablokov A. V., « Chernobyl's radioactive impact on fauna », *Annals of the New York Academy of Sciences*, 2009b, 1181, p. 255-275.

Yablokov A. V., « Chernobyl's radioactive impact on flora », *Annals of the New York Academy of Sciences*, 2009c, 1181, p. 237-254.

Yang Y., Nguyen N., Chen N., Lockwood M., Tucker C., Hu H., Bleckmann H., Liu C., Jones D. L., « Artificial lateral line with biomimetic neuromasts to emulate fish sensing », *Bioinspiration & Biomimetics*, 2010, 5, p. 016001.

Yi X., Liang Y., Huerta-Sanchez E., Jin X., Cuo Z. X. P., Pool J. E., Xu X., Jiang H., Vinckenbosch N., Korneliussen T. S., Zheng H., Liu T., He W., Li K., Luo R., Nie X., Wu H., Zhao M., Cao H., Zou J., Shan Y., Li S., Yang Q., Asan, Ni P., Tian G., Xu J., Liu X., Jiang T., Wu R., Zhou G., Tang M., Qin J., Wang T., Feng S., Li G., Huasang, Luosang J., Wang W., Chen F., Wang Y., Zheng X., Li Z., Bianba Z., Yang G., Wang X., Tang S., Gao G., Chen Y., Luo Z., Gusang L., Cao Z., Zhang Q., Ouyang W., Ren X., Liang H., Zheng H., Huang Y., Li J., Bolund L., Kristiansen K., Li Y., Zhang Y., Zhang X., Li R., Li S., Yang H., Nielsen R., Wang J., Wang J.,

« Sequencing of 50 human exomes reveals adaptation to high altitude », *Science*, 2010, 329, p. 75-78.

Yoo B. H., « Long-term selection for a quantitative character in large replicate populations of *Drosophila melanogaster*. I. Response to selection », *Genetical Research*, 1980a, 35, p. 1-17.

Yoo B. H., « Long-term selection for a quantitative character in large replicate populations of *Drosophila melanogaster*. II. Lethals and visible mutants with large effects », *Genetical Research*, 1980b, 35, p. 19-31.

Yu B., Zeng S., Gao S., Yan Z., Shi Z., Yang X., Xiao B., « A dynamic evolutionary algorithm and its application in automated antenna design », *GEC '09 Proceedings of the first ACM/SIGEVO Summit on Genetic and Evolutionary Computation*, Shanghai, 2009, p. 929-932.

Yuksel P., Alpay N., Babur C., Bayar R., Saribas R., Riza Karakose A., Aksoy C., Aslan M., Mehmetali S., Killic S., Balcioglu I., Hamanca O., Dirican A., Kucukbasmaci O., Oner A., Mamal Torun M., Kocazeybek B., « The role of latent toxoplasmosis in the aetiopathogenesis of schizophrenia – The risk factor or an indication of a contact with cat ? », *Folia Parasitologica*, 2010, 57, p. 121-128.

Zerjal T., Xue Y., Bertorelle G., Spencer Wells R., Bao W., Zhu S., Qamar R., Ayub Q., Mohyuddin A., Fu S., Li P., Yuldasheva N., Ruzibakiev R., Xu J., Shu Q., Du R., Yang H., Hurles M. E., Robinson E., Gerelsaikhan T., Dashnyam B., Mehdi S. Q., Tyler-Smith C., « The genetic legacy of the Mongols », *American Journal of Human Genetics*, 2003, 72, p. 717-721.

Zhou D., Udpa N., Gersten M., Visk D. W., Bashir A., Xue J., Frazer K. A., Posakony J. W., Subramaniam S., Bafna V., Haddad G. G., « Experimental selection of hypoxia-tolerant *Drosophila melanogaster* », *Proceedings of the National Academy of Sciences, USA*, 2011, 108, p. 2349-2354.

Index

Remerciements

Le bon succès de mon premier livre de vulgarisation, *Cro-Magnon toi-même !*, m'a convaincu d'une réelle attente en ce qui concerne l'étude de l'évolution humaine, dans une version aisément accessible mais qui ne perde rien de la rigueur scientifique. Au travers des questions de lecteurs, ou d'auditeurs lors de conférences, je me suis vite rendu compte que la notion de sélection naturelle restait un concept très vague pour la plupart des gens. Inutile de discourir sur les comportements humains si cette notion même n'est pas suffisamment comprise. On ne peut comprendre l'évolution culturelle si l'on rejette d'emblée la sélection naturelle, comme on le voit faire communément, en général par incompréhension. L'année Darwin, en 2009, n'a rien changé : très peu de conférenciers ou d'auteurs ont vraiment présenté la sélection naturelle comme une clé indispensable pour comprendre le monde vivant, y compris l'espèce humaine.

C'est au cours de l'année 2010 que ce projet de livre a peu à peu mûri, puis a commencé à se concrétiser. Il s'est tout de suite confronté à un problème de taille : les exemples de sélection naturelle sont si abondants dans tous les groupes vivants, ainsi que pour les applications d'ingénieur, qu'il fallait faire des choix. Pour la dernière catégorie, j'ai naturellement opté pour ceux que je pouvais comprendre et dont la restitution simpli-fiée était possible. Pour la première, j'ai favorisé les exemples sur lesquels j'avais déjà directement travaillé, soit en tant que chercheur, soit en tant qu'enseignant. Mais cela était encore insuffisant. J'ai eu la chance de bénéficier de l'aide de nombreuses personnes, pour m'indiquer des références, rectifier certains points, suggérer des exemples, relire et critiquer certains chapitres, signaler des passages à clarifier, donner un avis détaché ou néophyte, etc. Je remercie ainsi chaleureusement, par ordre alphabétique, Jean-François Agnese, Jean-Baptiste André, Georges Augustins, Julien Barthes, Jacques Blondel, Philippe Borsa, Fidel Botero, Jeanne Bovet, Maria-Luisa Broseta, Damien Caillaux, Bernard Cappelaere, Maxime Derex, Emmanuel Douzery, Valérie Durand, Olivier Duron, Charlotte Faurie, Mark Flinn, Bernard Godelle, Hélène Gosselin, Pierre-Yves Henri, Evelyne Heyer, Sonia Kéfi, Pierrick Labbé, Thomas Lenormand, Jean-Louis Martin, Bruno Maureille, Clément Mettling, Anders Møller, Mireille Raymond, Fadella Tamoune, Frédéric Thomas et Marc Willinger, sans oublier Nicolas Witkowski dans son rôle d'éditeur.

Malgré cette aide inestimable, les positions développées dans ce livre n'engagent évidemment que moi, bien que j'entraîne volontiers les auteurs des références citées dans un certain partage de responsabilité, dans la mesure où je les ai cités à bon escient. Il est probable que des références récentes m'ont échappé, étant donné le nombre d'exemples développés et l'intensité de l'activité scientifique (2 000 à 3 000 publications scientifiques paraissent chaque jour). Quoi qu'il en soit, les notes et les références sont là pour montrer sur quoi je me suis appuyé : cela permet aussi de voir, par défaut, sur quoi j'aurai pu – ou j'aurais dû – m'adosser. N'hésitez pas à consulter www.cromagnontoimeme.fr, ce site réunit les informations concernant aussi le présent ouvrage.

Table

Cro-Magnon toi-même ! Petit guide darwinien de la vie quotidienne, Seuil, 2008.
Biologie évolutive (direction avec F. Thomas et T. Lefèvre), De Boeck, 2010.

Imprimé par Lightning Source France
1 avenue Gutenberg
78310 Maurepas

N° d'édition : 7381-2774-Y

www.ingramcontent.com/pod-product-compliance
Lightning Source LLC
LaVergne TN
LVHW050600200726
843508LV00010B/1709